阅读成就思想……

Read to Achieve

U
S

The Desire to Know and
Why Your Future Depends on It

O

C U R I

U

好奇心

保持对未知世界永不停息的热情

〔英〕伊恩·莱斯利（Ian Leslie）◎著　马婕◎译

中国人民大学出版社
· 北京 ·

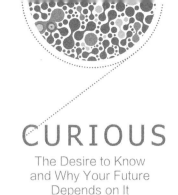

CURIOUS
The Desire to Know
and Why Your Future
Depends on It

本书赞誉

我没有特别的天赋。我只有强烈的好奇心。

阿尔伯特·爱因斯坦

我想说如果吃对于我们而言很重要，那么更为重要的是，不要把感知饥饿的基本能力只应用在吃这件事情上。

安托南·阿尔托（Antonin Artaud）

好奇是以最纯粹的形式进行的反抗。

弗拉基米尔·纳博科夫（Vladimir Nabokov）

莱斯利的这部著作揭示了好奇心的所有重要特征，并引人入胜地展现了好奇心的魔力所在。这是一次关于人类头脑追求创新的研究性的、思维开阔的、意义深刻的探索。

史蒂文·约翰逊（Steven Johnson）
数字化未来十大科技思想家之一

我从未想到如此薄的一本书能激起我对于好奇心的强烈好奇。本书涉及大量的事实、观点、问题、引证、思考、调查发现、谜题、奥秘及故事。《好奇心》能"打磨和抛光"一个人的大脑。这是长期以来我读到的关于头脑的最令人愉悦的一本书。

戴维·多布斯，专栏作家

伊恩·莱斯利警示人们真正的好奇心正在衰退。《好奇心》以巧妙的、引人入胜的方式向人类这一最重要的美德之一致敬。

泰勒·考文，乔治—梅森大学经济学教授

即使童年逝去已久，培养、发展、探寻我们的好奇心的需求仍然是一段美丽而重要的旅程。伊恩·莱斯利提醒我们在追求成绩时日渐忘却的那些至关重要的人生经验：有时候，浪费一点时间是可以的；而经常的情况是，最高效的头脑往往最能放开去追随那些最幼稚的内心冲动。

玛利亚·克里克瓦，《驾驭心智：像福尔摩斯一样思考》的作者

大卫·奥格威曾经认为最好的广告创作者们是那些"对天底下一切事物都总是充满好奇"的人。在当今世界，如伊恩所指出的，越来越多商务和政府工作者想要取得进步也同样要求具备如此高水平的好奇心。在《好奇心》这本精彩绝伦的书中，伊恩·莱斯利解释了原因：绝大部分显而易见的想法已经被用过了，剩下的进步空间都是需要探索的。

罗里·桑泽兰德，广告大师，奥美集团副董事长

在这本意义重大又充满乐趣的书里，伊恩·莱斯利展现了为什么现在培养好奇心比过去任何时候都显得重要——因为我们的事业、幸福及子孙后代的繁荣皆依赖于此。《好奇心》深刻且引人入胜地探讨了人类能被事物所深深吸引的程度，也指导了我们如何能变得更具好奇心。

奥利弗·布克曼，《解毒剂：无法忍受积极思维的人如何获得幸福》的作者

好奇心这一琢磨不透的神秘概念似乎总在作家们试图去剖析它时就溜走了。伊恩·莱斯利不仅有力地分析了好奇心是如何运行的，还告诉我们如何去提升我们的孩子、员工及我们自己的好奇心。《好奇心》令人着迷也极具实践性，值得去细细品味。

丹尼尔·威廉汉姆，《为什么学生不喜欢上学》（Why Don't Students Like School）的作者

莱斯利描写了不同类型的好奇心，并指出当我们依赖于搜索引擎以及将记忆都上传到云储存器时，可能会丢失什么。他关于社会经济条件如何阻碍好奇心发展的分析最为精彩。

《纽约时报》

莱斯利的《好奇心》令人着迷。他从十分合乎常理的角度去分析了一个不断引起争议的话题：如何能最好地塑造人类的头脑。

《科学美国人心智》杂志

莱斯利富于洞察力，他的《好奇心》算是解开了我们关于好奇心的困惑。莱斯利极具信服力地从心理学、社会经济水平、教育等方面阐述了与好奇心相关的问题。《好奇心》可以带给我们非常愉快的阅读享受。

《旧金山书评》

《好奇心》太让人着迷了。莱斯利探索了好奇心在一个标准化且人们普遍短视的世界里令人堪忧的前景。

《赫芬顿邮报》

看《好奇心》是一种享受。莱斯利给出了大量的论据来阐明我们整个社会也许正变得越来越缺乏好奇心。

《彭博视点》

莱斯利很有信服力地告诉我们人类需要且想要深度学习，去发展一技之长。

《华尔街日报》

如果你是没有好奇心的那一类人，那么你大概绝不会翻开这本书。这样，你就会错过好多有趣的科学发现，它们意在探索为什么人类对于学习和求知的欲望如此难以抗拒。

《科学美国人》杂志

莱斯利唤醒了我们去发现身边世界里的奇妙。

《基督世纪》杂志

《好奇心》很好地连接起了知识学习和经验学习这两个不同立场。

高等教育内幕网站

这是对信息科技如何影响我们文化创新潜能的一次彻底考察。

《科克斯书评》

莱斯利有力地论述了偏向于研究性学习方法的重要性，这对于未来的教育方向有着深远的影响。各类教育工作者都应该看看《好奇心》。莱斯利触及了教育的真正核心——通过重拾好奇心将学生变为21世纪的学习者。

《图书馆杂志》

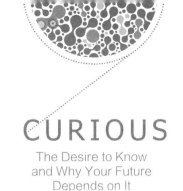

CURIOUS
The Desire to Know
and Why Your Future
Depends on It

目录

02

好奇心是如何产生的 /33

03

谜题与奥秘 /45

第二部分 **好奇心的鸿沟**

04

好奇历经的三个时代 /73

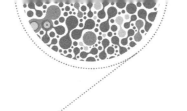

CURIOUS
The Desire to Know
and Why Your Future
Depends on It

引言
好奇心：人类的第四驱动力

| 天赋异禀的黑猩猩坎吉 |

研究者们意识到坎吉（Kanzi）是一只天赋异禀的黑猩猩，是从发现它能自学语言开始的。苏·萨维奇 – 朗伯（Sue Savage-Rumbaugh）和她的同事在美国佐治亚州亚特兰大市附近的语言研究中心花了数月的时间，努力想教会坎吉的养母玛塔塔（Matata）用符号来进行交流。他们采用了一个标有图形的键盘，每个图形与现实世界中的某一事物或者某一动作相对应，比如有一个按键代表"苹果"，另一个按键代表"玩耍"。

尽管玛塔塔异常聪明，但进步始终缓慢。它明白这个键盘可以用于交流，但是未能理解每个特定的标志有着特定的意义。玛塔塔会牵着萨维奇 – 朗伯的手，把她带到键盘前面，试图将自己的想法传达给她。它会按下任意一个键，然后充满期待地抬头看着萨维奇 – 朗伯，以为这样她就能理解和明白自己了。例如，它可能会按下有"果汁"图形的按键，但实际上想要香蕉；或者按下"打扮"按键，但实际上是想出去玩。

研究者们与玛塔塔在一起的时候，坎吉通常也会在同一个房间里自娱自乐。在它六个月大时，妈妈玛塔塔被转移到了语言研究中心。作为条件，在玛塔塔参与语言学习的过程中，坎吉也可以和妈妈待在一起。坎吉就像个有多动症的婴儿，在研究室里东奔西窜，它会跳到妈妈的头上，会推开妈妈正打算在键盘上选择按键的手，甚至还会偷妈妈被奖赏的食物。

研究者们注意到当键盘没被使用的时候，坎吉很喜欢去玩，不过这并未引起人们的关注。直到坎吉两岁时，有一天它爬到键盘前，非常谨慎地按下了"追逐"键，之后转向萨维奇－朗伯，看她是否看到了它刚刚所完成的操作。当它看到萨维奇冲它点头微笑时就跑走了，并回头咧着嘴得意地大笑。

那一天，坎吉一共操作键盘120次，内容包括请求特定的食物、玩游戏，或告知它马上将要干什么。让萨维奇－朗伯和她的同事们惊讶的是，显然坎吉已经掌握了这个符号键盘的使用方法，尽管它从未被训练过，甚至好像也从未留意过妈妈的训练过程。在接下来的几个月、几年的时间里，研究者们转而全力关注这只奇特的黑猩猩。坎吉不断展现出它复杂的语言天赋，这改变了认知心理学家对于人类学习和人类语言的认识。

猩猩与人类之间的差异可能比我们认为的小多了。坎吉所掌握的词汇量超过了两百个。在接受阅读和交流能力测试时，它都能正确回应。它无疑已拥有了一个两岁半儿童的语言能力，甚至在某些方面做得更好。它自创了一套语法并按此规则去理解运用，充分展现出了它的创造能力。它能理解口语表达并遵照口头指示行动——萨维奇－朗伯告诉它往河里扔了一个东西，它就会捡起一块石头用力地投到河里。它会用符号来请求奖励，或者请人帮忙开门。它喜欢玩，也喜欢学习。

坎吉的故事展现了我们人类与黑猩猩有许多的相似之处。这并不令人意外，因为我们与它们几乎共有所有的DNA信息。然而，这个故事也表明我们和它们存在着差异，并且这个差异非常重要。

坎吉从来没有做到的一件事情就是问"为什么"。它从来没有皱起眉头，把身子探到键盘前，然后突然问一句"为什么你们要问我这些问题"或者"你们到底想要发现什么"。它从未问过在研究中心和它所居住的区域以外还有什么。它会走到冰箱前，但却没有兴趣知道冰箱是如何运转的。尽管它有很多时间跟人类生活在一起，而且人类明显表现出想要了解黑猩猩生活的兴趣，但是它却从不好奇人类的生活是怎样的。同样，它几乎完全不好奇作为一只黑猩猩意味着什么。它从未问过："我是谁？"

| 劳埃德的自我救赎 |

"我是谁？"这是约翰·劳埃德（John Lloyd）在 1993 年圣诞前一天的早上醒来后脑子里出现的问题。对他来说，这不是一种空有的、哲学的沉思，而是一个紧要的、痛苦的、亟待解决的问题。他感觉像有一把钻子钻进了他的头里。

劳埃德并没有失忆。他可以很正常地回答关于自己的所有问题。"我是约翰·劳埃德，今年 42 岁。我的身高是 6.1 英尺（约等于 1.85 米）。我是一名成功的电视制作人和导演。我的家在伦敦和牛津郡。我已婚，有三个孩子。"但是就在那个早上，所有答案都没能缓解那个问题所带来的痛苦。他越使劲想越觉得那个问题并不表示一种迷失，而是表示一种匮乏。"我意识到我自己什么都不知道。"他后来回忆时说。

当然，劳埃德是知道很多事情的。他熟知如何制作商业广告，也了解如何制作电视喜剧。在过去的十五年里，或者如他所描述的那"疯狂的十五年"里，他获得了巨大而非凡的成功，制作并发行了一些英国最受观众欢迎和喜爱的喜剧，包括《恶搞整九新闻》（*Not the Nine O'Clock News*）、《黑爵士》（*Blackadder*）和《一模一样》（*Spitting Image*）。

劳埃德捧红了一些英国最著名的演员和喜剧明星，包括罗温·艾金森（Rowan Atkinson）、理查德·柯蒂斯（Richard Curtis）、史蒂芬·弗莱（Stephen

Fry）以及休·劳瑞（Hugh Laurie）。凭借那些成功的电视剧及广告宣传活动，他获得了许多有着英国奥斯卡奖之称的英国电影和电视艺术学院奖（BAFTA）的奖项。事实上，他自己也承认说："我获得的 BAFTA 奖项只比朱迪·丹奇女爵士（Dame Judi Dench）一个人少。"语气中既带着羞怯，又难掩骄傲之情。他在 40 岁之前就被授予了终身成就奖。

但在那之后不久就出现了不好的状况。劳埃德一帆风顺的事业遇到了严重的障碍。他被他自己亲手建立起来的广告宣传策划团队开除了。好莱坞工作室的负责人把他的电影脚本扔到了游泳池里。他想开始做的每件事情都没有丝毫进展。他以前也曾有过很多失望的时候，可这一次完全不一样。这一次失败与他之前所获得的成功一样无可阻挡，他就好像被一只巨大的熊攻击了。他说："每次当我试图想要站起来时，总会又一次被击倒在地。"

在那个圣诞节前夜，劳埃德萌生了一个让他自己都觉得可怕的想法：他认为迄今为止自己所完成的事业或获得的成就都没有任何意义。书架上 BAFTA 的获奖证书都只不过是一张张卡纸而已。劳埃德从此患上了严重的抑郁症，尽管他知道他应当对生活充满感恩。在之后的几年中，如果某个小偷光临劳埃德的家里，他也许能看到当代最成功的电视制作人正蜷缩在书桌下哭泣。

劳埃德下定决心要治愈他的抑郁症，就像当年他下定决心要说服 BBC 重新发行一部一度失败的中世纪英国情景剧——《黑爵士》一样，他没有采用当时最流行的改善男人中年危机的策略，比如去做心理咨询治疗，买一辆跑车，或者离开自己的妻子。他所做的就是暂别工作，徒步远行，以及喝威士忌。同时他也开始阅读书籍。他说："在我最成功的那几年，我一本书都没有读过，因为我没有时间。"尽管他毕业于英国最顶级的学府之一——剑桥大学，但他从不认为自己很有学问。现在，他终于有时间可以弥补上了。

他阅读了大量的书籍，从苏格拉底和古希腊哲学到光学和电磁学，再到文艺复兴和法国印象派艺术。他没有什么阅读方法或计划，仅仅只是顺从自己的好奇心，对什么感兴趣就阅读什么。当偶然看到卡耶博特（Caillebotte）的一幅描绘巴黎工人刨光地板的画作之后，他生平第一次对刨光技术的历史产生了兴趣并阅读了很多相关书籍。当他重新开始广告制作的时候，每逢长途飞行，他都会随身带上一摞书如饥似渴地阅读。学得越多，想学的也就越多。

他惊诧于自己的无知，并强烈地感受到有太多的知识需要填补上。他同时也愤怒于竟然从来都没有人告知他这个秘密："我忽然发现这个世界是如此地'有趣'。如果你留意，世界上的一切——从地心引力到鸽子的头，再到小草的叶尖——都是那么不同寻常。"上学就像做家务事，繁琐无聊但是又不得不做。这样无拘无束的知识探索却是一种乐趣，他几近痴迷。劳埃德说："你越仔细地观察一个东西，就越会觉得它很有趣。但是没有人会告诉你这一点。"他之所以对万事万物都如此着迷，正是因为他想要理解生命的意义。"我要努力找到自己存在的意义是什么，其他事物存在的意义是什么。"他说。

经过六年的知识探寻之旅，劳埃德的抑郁症已有所改善。某一刻，站在他位于牛津郡的家的书房里，被各种书籍包围着，他突然有了一个想法。他在回忆时说道："我忽然灵光一现。噢！这真是一个好想法：'QI'。"他意识到在过去几年里把他迷住的一切都可以嫁接到娱乐节目里。"那会是一个与有趣的事物相关的节目。它会向你证明如果你的观察选对了角度，一切事物都是'相当有趣'的。"

QI变成了英国BBC电视台的一个知识问答节目，由史蒂芬·弗莱（Stephen Fry）主持。它现在是英国最受欢迎以及播放历史最长的电视节目之一，吸引了数以百万计的观众。它的魅力之处就在于它能够将任何东西——从原子物理学到阿兹特克（Aztec）建筑——都变得具有娱乐性并且很有趣。这种电视节目形式在英国之外也非常流行，相关书籍的销量也十分可观。劳埃德终于又一次获得了成功，他感到了从未有过的自豪。他说："这正是我一生都想做的事情。"

当劳埃德把QI推荐给BBC电视台时，他和他的团队向电视台的执行官们解释了这个节目的潜在哲理。他说："这世上没有比好奇心更重要或者说更奇怪的东西了。"他接着解释，在达尔文提出进化论之后，我们就不得不接受一个事实——我们和灵长目动物有三个相同的基本驱动力：食物、性和庇护所。然而，人类却拥有第四个驱动力。他说："单纯的好奇心是人类所独有的。动物在灌木丛里嗅来嗅去，是源于那三个基本的驱动力。据我们所知，迄今为止，只有人类会抬头看星星，然后思考它们是什么。"

| 好奇心是人类进步的源泉 |

最早的西方神话对好奇心持有警示的态度：亚当、夏娃与智慧果，伊卡洛斯与太阳，潘多拉的盒子。早期的基督教神学者是谴责好奇心的，圣·奥古斯丁（Saint Augustine）宣称："上帝为有着好奇心的人打造了地狱。"甚至人文主义哲学家伊拉兹马斯（Erasmus）也曾说，好奇只是贪婪的另一种表达而已。在大部分西方历史中，好奇心都被视为人类心灵及整个社会的腐蚀物，甚至堪比毒药，称其能误导人类，已是最客气的描述了。

人们之所以会对好奇心有这样的印象是因为它难以被约束。它不喜欢循规蹈矩，它会假定所有的规矩都是暂时的，都可以被一个从未想到过的聪明问题打破。它不屑于使用那些被获准的行事方法，而趋向于走个性化的道路，不按部就班，可以随性地改变方向。概括地说，好奇心是离经叛道的。在某种程度上，遵循好奇心会使人陷入与权威的冲突中，从伽利略到达尔文、再到乔布斯都证明了这一点。

一个把秩序放在至高位置的社会，会努力压制人们的好奇心。相反，一个崇尚进步、革新和创造的社会，不仅会鼓励和培养人们的好奇心，还会把探索精神视为社会最有价值的资产。在中世纪的欧洲，探索精神——尤其是质疑教会或国家的诏令——是会受到谴责的。文艺复兴和宗教改革运动期间，人们开始怀疑这种存在已久的人们普遍认同的想法。到了启蒙运动时期，欧洲社会开始意识到他们的未来将依赖于那些有好奇心的人，并开始鼓励大家去探寻问题而非无视或压制问题的来源。随之而来的结果便是推动了史上最大规模的创新和科学的发展。

那些迈出了解禁好奇心这一伟大步伐的国家都纷纷呈现出一片繁荣发展的景象。在当下，我们无法确认我们仍处于黄金发展期抑或是已经走到了尽头，但是至少可以肯定的是，我们的发展暂缓了。除了互联网，那些可以使西方社会在全球发展中遥遥领先的革新已经寥寥无几，既便是在经济快速发展的亚洲和南美洲也尚未出现类似的自主创新。美国弗吉尼亚州乔治梅森大学的经济学教授泰勒·科文（Tyler Cowen）把当前的这一阶段称为大停滞时期（The Great Stagnation）。

科文认为，发达国家正艰难地处理着由于自身之前的成功所带来的一系列后果。如今要想提高全民的教育水平显得更加困难。新的挑战是如何使更多的人渴望去学习、探寻和创造，而非只是简单地将更多的人送进学校。与此同时，像中国和新加坡等亚洲社会的领导者们也在思考如何将探索精神和批判性思维的培养逐渐贯彻到教育体系中，因为他们意识到过于服从权威的人极少能创造出超越前人的成就。这个世界需要更多有好奇心的学习者。

诺贝尔奖获得者、经济学家埃德蒙·费尔普斯（Edmund Phelps）认为，推动工业革命的那些最基本的草根精神正在被国家机器及企业官僚主义所遏制。在一个关于费尔普斯研究成果的圆桌会议上，美国纽约银行梅隆公司（BNY Mellon）的一位高级执行官告诉费尔普斯："作为一家大型全球金融机构，我们每天都要艰难应对的正是你刚刚提到的很多情况……管理层和企业协会想要我们更加遵纪守法，而我们则希望创造出一种更具协作性、创造力和竞争力的企业文化。我们需要我们的员工有积极性、有探索精神、有想象力，并且有各种想法和好奇心，从而能够推陈出新。"

真正具有好奇心的人在未来会越来越受青睐。雇主希望雇用那些能够自发学习、强烈想要学习的人，以及能够解决难题和提出尖锐问题的人，而非仅仅只是完全照章办事或者完成任务的人。这些人有时候并不好管理，因为他们的兴趣和激情可能会让他们不按常理出牌，而且他们也不会被轻易灌输应该怎去理解一个问题。但是，在大部分情况下，雇用他们利大于弊。

有好奇心的学习者会探究得很深很广。这一类人最适合在对学识要求高、对认知具有挑战性的工作领域就业，比如金融业或者软件工程行业。他们也许有能力把不同领域的知识创造性地连接起来，从而产生一些新想法。同时，他们也最适合在多学科背景的团队里工作。因此，他们的工作是最不容易被智能机器替代的。在一个科技能够快速替代人类工作的时代，仅仅靠聪明是不够的。计算机很聪明，但是无论它被设计得多么复杂精妙，它也没有好奇心。

换种说法就是，有着高认知需求（need for cognition，NFC）的人会越来越有价值。认知需求是一种对求知欲进行科学量化的方法。拥有想去理解这个世界的动机是人类共有的特性，但有的人总是在寻求捷径，有的人却喜欢一边走一边欣赏沿路的风景。心理学家用一个 NFC 的尺度标准来区分那些希望自己的精神生活尽量简单直接的人和那些从智力挑战中获得满足和乐趣的人。

假设你正在读这本书，那么说明你的 NFC 比较高。当然，根据以下由率先提出这个概念的心理学家们所拟写的问卷，你很容易就能对自己作出评估。根据自己的情况，对以下每个问题进行"是"与"否"的回答（请诚实回答）。

1. 比起简单的问题，我更喜欢复杂的问题。

2. 我喜欢处理一些需要耗费很多脑力的情况。

3. 我不觉得思考是一件有趣的事。

4. 我更愿意处理一些基本不需要思考的事情，而不愿意尝试会挑战我的思维能力的事。

5. 经过思考，我会回避处理一些可能要对某些事物进行深入探究的问题。

6. 我能从长时间艰难的思考中获得满足感。

7. 我不做无谓的思考。

8. 我更愿意思考一些小的、日常的规划，而不愿意思考长期的规划。

9. 我喜欢完成那些一旦我学会了就不再需要思考的任务。

10. "思考能让人登峰造极"这一想法很吸引我。

11. 我非常享受完成一项会引入新方法来解决问题的任务。

12. 学习从新的角度来思考问题并不能使我感到兴奋。

13. 我希望我的人生充满了我无法解决的谜题。

14. 抽象思考这一概念非常吸引我。

15. 比起那些有一定重要性但却不需要太多思考的任务，我更喜欢需要动脑的、困难的、重要的任务。

16. 在完成一项需要耗费很多脑力的任务之后，我有一种解脱感而非满足感。

17. 我只需要知道什么东西能做什么事情就够了，不在乎怎么做以及为什么能做到。

18. 我经常深入思考一些对我个人没有影响的事情。

如果你对于问题1、2、6、10、11、13、14、15和18，大部分回答了"是"，剩下的大部分回答了"否"，那么很有可能你的NFC比一般人高。

认知需求低的人更有可能会依靠他人来解释问题，或者退而寻求认知捷径（cognitive heuristics），比如别人说什么就信什么。如果你有着很高的认知需求，那么你很可能会积极地想获得经验和信息，以帮助你思考并提出一些假设和谜题。你会一刻不停地想要探索，想要获得新知识。认知需求低的人是"认知吝啬者"（cognitive misers），他们会尽可能避免脑力劳动；然而认知需求高的人却非常享受"需付出努力的认知活动"，他们会选择阅读一些非小说类书籍，比如本书，或者会因将要学习一个新概念而激动不已。

"需付出努力"这一点很重要——本书的一大关注点就是数字技术正在割断努力与脑力探索之间的联系。网络使我们可以很容易地找到某些问题的答案，从而淡化了我们寻根问底的习惯，因为这样的习惯需要耐心，需要很专注地下功夫。当你相信能够在智能手机上找到任何你想知道的答案时，你多半不会去费工夫研究这类知识，再去质疑用谷歌搜出来的头条答案。我们将会提到，有一些人认为互联网

> 网络使我们可以很容易地找到某些问题的答案，从而淡化了我们寻根问底的习惯，因为这样的习惯需要耐心，需要很专注地下功夫。

让我们不再需要记忆，从而使我们更有创造力。这样的论点是与科学家已知的所有关于大脑如何工作的事实相悖的。

当然，努力和乐趣可以并存。如果你的认知需求很高，你大概能够很出色地为你的雇主解决问题，因为实际上你是在为自己解决问题。研究群体行为的社会科学家观察到一个现象，并把这种现象称为"社会惰化"（social loafing），它是指个体在参与合作劳动时的努力程度要比自己单干时偏低的一种普遍趋势。当确信有其他人也在解决同一问题时，大部分人都会多少让自己放松一些。但是那些对认知有强烈需求的人似乎不符合这一规律。当他们在一个群体里完成一项有认知挑战性的任务时，他们会像在独立工作时一样想出许多不同的主意。他们乐在其中。

如果你的认知需求测试得分很高，那么恭喜你，但是请你不要被高分冲昏了头脑。因为现在拥有高的认知需求，并不代表会一直拥有——从约翰·劳埃德的例子就可以看出。有些人的确要比其他人在认知上自我要求更高。尽管关于好奇心的科学文献会反驳很多大众说法，但它却同意这一点：好奇更多的是一种状态，而不是一个特性。也就是说，好奇心往往是对自己所处形势或环境作出的一种积极反应。我们可以通过规划我们的生活来激发它或遏制它。

> 如果你任由自己变得毫无好奇心，那么你的生活将会失去色彩，毫无趣味和快乐可言。你不太可能将你的潜力发挥到工作和生活的创意中。

好奇心很容易受无意间的忽视所影响。随着年纪越来越大，我们自然会减少脑力活动，更多地依靠之前所学的知识来度过余生。我们也可能会因为在处理生计问题上花费了太多精力，而没有时间去追求自己的兴趣爱好。如果你任由自己变得毫无好奇心，那么你的生活将会失去色彩，毫无趣味和快乐可言。你不太可能将你的潜力发挥到工作和生活的创意中。不知不觉，你会变得有点迟钝，有点悲观。你可能会觉得这不会发生在你身上，但它真的可能。它可能发生在我们任何一个人身上。若想要避免，你就需要了解怎样能让你的好奇心得到满足，而怎样会使它枯竭。

这就是本书想要讨论的内容。

| 消遣性好奇与认识性好奇 |

在 15 世纪 80 年代初的某一天，列奥纳多·达·芬奇在他的笔记本上随意写了几笔，就好像是在心不在焉地试用一支刚买的新笔。他写下的是一段奇怪的、不断重复的文字："告诉我……告诉我是否……告诉我事物是怎样……"

好奇心往往是从想要去探索开始的。在很小的时候，我们就表现出了想要征服未知世界的渴望。1964 年的一项研究发现，甚至两个月大的婴儿都会对眼前不同的图案作出不同的反应：他们对不熟悉的图案明显更感兴趣。所有家长都了解小孩喜欢把他们小手指伸到一些不该触碰的地方，或者看见一扇开着的门他们会忍不住要冲出去，甚至还会吃一些脏东西。科学家把这种对一切新奇事物的着迷称为"消遣性好奇"（diversive curiosity）。

对成年人而言，消遣性好奇则表现为无止尽的喜新厌旧。如今我们所处的世界仿佛就是被专门设计成用来不断刺激我们的消遣性好奇的。每一条推文、每一个标题、广告、博客及应用都能让人们瞬间判断出是否对其感兴趣，这也就使得我们变得越来越没有耐心。那些最流行的娱乐节目经过精心的设计并快捷地呈现给我们，成功地抓住了我们的注意力。如今的美国电影平均每两秒钟就有一次开枪射击，相比之下，1953 年的电影是每 27.9 秒开枪射击一次。

> 消遣性好奇表现为无止尽的喜新厌旧。如今我们所处的世界仿佛就是被专门设计成用来不断刺激我们的消遣性好奇的。

消遣性好奇是探索性思维必不可少的组成部分。它可以让我们的视野更宽广，从而去发现新的和未知的事物，可以激励我们获得新的经历，结识新的朋友。但如果总是走马观花而不深究的话，那我们就只能在不断转换对象的过程中浪费精力和时间，无法得到任何领悟，一切都将变得毫无意义。不受约束的好奇心很美好，无法满足的好奇心则相反。当消遣性好奇转化为一种对知识和理解的探寻时，会使我们获益良多。这种更深入、更有序和更需要付出努力的好奇被称为"认识性好奇"（epistemic curiosity）。这正是本书想要重点讨论的内容①。

对个人而言，认识性好奇可以成为满足和愉悦的源泉，为心灵提供养分。

> 对个人而言，认识性好奇可以成为满足和愉悦的源泉，为心灵提供养分。

对组织和国家而言，它可以使创造性才智激增并引发创新，从而发生质的飞跃，使好奇心真正产生价值。想要探测火星，你先要有一个去遥远星球探险的强烈愿望，若是想在火星上放一个照相机，则还需要一种持之以恒地解决问题的欲望。

消遣性好奇一直伴随着我们。认识性好奇虽亦如此，但一直到了现代才广泛萌发。这得益于印刷机的发明，使人们可以阅读、分享并融合来自全世界的不同观点；也得益于工业革命的发生，使更多的人有更多的时间来思考和实验。互联网的出现会给认识性好奇带来另一种划时代的推进，因为它使得人们可获取的知识空前地广泛。然而，它惊人的潜力却被我们仅仅用其来刺激消遣性好奇的偏好给削弱了。

本书想要讨论的第二个主题是同理性好奇（empathic curiosity），即对于别人的想法和感受的好奇。同理性好奇同传谣或者八卦是截然不同的。后者可以理解为是出自消遣性好奇，你想知道隐藏在别人生活表象背后的细节信息；而前者的出现则是因为你完全真心诚意地站在对方立场上去感同身受，从对方的视角去看待和思考问题。消遣性好奇可能会使你猜想某个人以什么为生，而同理性好奇则是让你思考他为什么会以此为生。我接下来会说明，同理性好奇和认识性好奇基本是在同一历史阶段成为一种常见的认知习惯的。

然而，这两者被联系到一起并非偶然。好奇是一种深层次的社会特性。几

---

① 谈及好奇心时经常会联系到科学发现。在本书里，有关科学和科学家的内容会占到很大比例。但是，我将把好奇心放在一个更宽广的背景下来理解，就如同想要理解贝多芬交响乐的结构或是马丁·路德·金的一生需要视野更宽广一样。在这几页提到的认识性好奇是指对知识和文化探寻的广泛性的渴望。

乎从呱呱坠地开始，我们就在思考别人知道而自己却不知道的事情。一个婴儿想要表达"告诉我"的方法就是，一边看着妈妈一边指向某个物体。我们的好奇心是增强还是减少也取决于其他方面。如果那个婴儿的妈妈回应了他的问题，那么他将再指向别的物体；如果妈妈未对他的手势作出任何反应，那么他将不再提问。这是一种在我们人生各个阶段都适用的动态，无论是幼时在家还是之后去上学、去工作。好奇心是可以传染的，反之亦然。

| 选择好奇心的理由 |

我们现在对于好奇心的态度仍然保留了早期有关警示的负面想法。当我们觉得一些人很怪的时候，我们会说他们很"奇怪"。提到求知欲，我们会联想到那些沉浸在钻研秘笈之中、不修边幅的学者，或者联想到他们独自、怪异、笨拙地对自己的研究修修补补，而不会联想到创新、合作或者创业精神。好奇心甚至被企业和政府视为建立秩序的一大威胁。对其最正面的描述也只不过是称之为"一种奢侈的浪费"。

这导致的结果就是，我们没有对其进行投入。我们的教育体系越来越专注于对学生的某项特定工作技能的培养。把某个人培养成为一名工程师、律师或程序员，这与将他们培养成为一个怀有好奇心的学习者是不一样的。然而那些最优秀的工程师、律师和程序员又往往都是最具好奇心的学习者。于是，我们发现自己陷入了一个恶性循环当中：我们要求学校专注于培养学生迈入社会后的工作能力而非去激励他们，结果造就了一大批消极的学生和平庸的教授。我们越是追求有效率的教育，离目标就越远。

好奇心带来的回报从未像现在这么高过，但是在理解它是如何起作用的时候，我们却常常被误导。我们将小孩纯粹的好奇心理想化了，担心它会被学问和知识所污染，然而事实恰恰相反。我们把对好奇的实践与快速简单的信息获得相混淆，忘记了真正的好奇是需要去努力练习的。我们专注于学习的成果而不是学习过程本身的价值。认识性好奇就快成为认知精英们所独有的品质，因为大部分人越来越少或从不去学习对一个物体、一个人进行深究。在这个信息获取的不平等性终将被消除的世界里，一种新的分界线开始浮现——有好奇心的人和没有好奇心的人。

选择好奇心最重要的原因不是为了使我们能在学校或工作中做得更好。学习的真正魅力在于能使我们超越自我，并提醒自己正在参与一项至少自人类开始相互交流起就启动的伟大工程，哪怕是学习那些明显无用的东西。其他动物并不会像我们一样分享或是存储它们所掌握的知识。红毛猩猩不会反思它们的进化史；伦敦的鸽子不会使用里约热内卢的鸽子的巡航技巧。我们都应该为能够读取到我们祖先的记忆感到荣幸。就像史蒂芬·弗莱所说的那样，若不对此加以利用就太愚蠢了。

然而，好多人正是这样生活的。在我曾造访过的一所学校里，几乎没有学生会去阅读书籍，除非是迫不得已。我大部分朋友一旦完成法定要求的最低读书年限，就立刻不再去学校。他们认为上大学是个软弱的选择，是想推迟长大成人罢了。作为一个男人（我去的是一所男校），就应该去找份工作，不再继续学习。我从来不那样认为，这一点在很大程度上是受我父母的影响。他们虽然都不曾上过大学，但是他们对这个世界充满了好奇，进而也感染了我。他们求知若渴，总在家里的书架上放满了书。不是装饰之用，而是真的将读书当作一种享受。晚餐时，我们坐在桌旁讨论的话题都是关于历史、音乐或政治的，就像我们谈论今天都干了什么一样稀疏平常。对各种知识的好奇也像一种很自然的生活方式。长大后，我开始觉得这是能获得满足以及活着的关键条件。

另外，我的这种直觉也从科学层面得到了证实。神经学家用"认知储备"（cognitive reserve）来描述大脑抗拒因年老而衰退的能力。2013 年，由罗伯

> 我们越来越少或从不去学习对一个物体、一个人进行深究。在这个信息获取的不平等性终将被消除的世界里，一种新的分界线开始浮现——有好奇心的人和没有好奇心的人。

> 人们知道得不多的唯一原因是他们并不太在乎，他们不好奇。没有好奇心是最少见、最愚蠢的失败。

特·威尔逊（Robert Wilson）领导的团队在芝加哥拉什大学医学中心进行了一项研究。该研究共召集了 300 名年长者参与，逐年测试他们的思考和记忆技能。参与者会被问及他们阅读、写作及从事其他有认知需求活动的频率，不仅针对当前，也包括童年和中年时期。在每位参与者去世之后，他们会去检测他们的痴呆迹象。结果显示，在排除物理原因对大脑的影响后，那些终生都保持着大量阅读和写作习惯的研究对象比起只有平均阅读量和写作量的对象，其智力衰退的速度会减缓 1/3。①换句话说，这些人违背了衰老的规律。长年累月对知识的追求扩充了他们的神经容量，从而缓冲了因年龄增长而出现的智力衰退。对认知储备的终生投入最终得到了回报。

我们既有一部分生物属性，也有一部分文化属性；我们既需要阳光，也需要知识来生存发展。当我在写这本书的时候，我有了一个女儿，第一次做了父亲。她会用她那充满渴望的眼神试图去洞察她所身处的这个神秘的世界，比如，她会聚精会神地检查自己的脚趾头。每当这个时候，我就能感受到她内心迫切想要知道一切的渴望。我希望这样的渴望永远不要消退，尽管我不愿意承认它终究还是会消退的。为了写这本书，我做了许多调查研究，并意识到这种渴望消退与否取决于作为父亲的我，也取决于她自己。

当约翰·劳埃德回忆他如何看待自己最成功的那几年时光时，他觉得自己并不是一个完整的人。他说："如果一个人的好奇心没有被满足，那他就会由内而外地枯竭而死……他四分之一的生存渴望就被忽视了。"而我觉得，应该远不止四分之一。

设计师查尔斯·伊姆斯（Charles Eames）说："在信息时代之后是选择的时代。"难道现在不正是你需要重新考虑亚里士多德所说的"求知的渴望"的时候吗？你会选择保持一颗好奇心吗？

---

① 那些几乎不阅读或写作的人比起保持平均阅读和写作量的人，智力衰退的速度竟然会快 48%。

第一部分

好奇心的原理

The Desire
to Know
and Why Your Future
Depends on It

CURIOUS
The Desire to Know
and Why Your Future
Depends on It

01

好奇之旅

| 布莱恩与那把手枪的故事 |

20 世纪 60 年代，布莱恩·史密斯生活在美国密苏里州圣路易斯市。他居住的公寓在一个贫穷却很热闹的社区里，楼下是一家鞋店，周边的街道总是很拥挤忙碌，到处都是车辆、餐馆、酒吧和夜店。到了晚上，楼下红鹅鞋店的红色霓虹灯能透过他家的窗户照亮整个客厅。

在布莱恩十岁那年的某个傍晚，他和弟弟保罗在父母的卧室里玩。当他们在翻梳妆柜抽屉的时候，偶然发现了一个很大很结实的东西藏在爸爸的内裤下面。他们把所有的衣物都掀开才知道，原来那是一把手枪。兄弟俩顿时惊呆了。他们伸手去触摸手枪那冰冷的具有金属质感的表面，顿时感到仿佛有一股让人激动不已的电流顺着他们的手臂向上串。

布莱恩拿起那支枪，发现比他想象的要沉好多。他将枪口对着自己的脸，看到枪筒里已经上了子弹。兄弟俩平日里就非常迷恋诸如《独行侠》(The Lone

Ranger）和《西斯科小子》（The Cisco Kid）一类的电视剧，此时有了这把枪，正好可以让他俩在父母的卧室里上演一出"枪战"。他俩一人拿着枪对准另一人，被"枪击"的那个人就会顺势夸张地摔倒在地，接下来彼此再交换角色。玩尽兴之后，他们把枪放回原处，并用衣物盖上，恢复原样。

在接下来的几周里，抽屉里的那把枪一直都是兄弟俩之间的秘密。他们共同发誓绝不告诉其他人。之后的一天傍晚，布莱恩和他的三个兄弟独自在家。那是一个有点闷热的夜晚，窗户打开着，布莱恩在父母的卧室里看电视，心里却情不自禁地老想着抽屉里的那把枪。最后，他回忆时说："我彻底被好奇心主宰了。"

布莱恩走到梳妆柜前，从抽屉里翻出了枪，来到敞开着的窗户前。他把自己假想成一个暗杀者，用枪瞄准窗外人行道上正前往酒吧或餐馆的人们。他想象着自己扣动了扳机，并学着在电视上看到的画面做出开枪后身体的反弹动作。他鼓起勇气将子弹上了膛，随之听到的咔嗒声让他兴奋得微微颤抖。接着，他对准了楼下红鹅鞋店的霓虹灯，将手指轻轻地放在了扳机上。

嘣！那盏色的霓虹灯突然就熄灭了。布莱恩大脑一片空白，只看到有烟从手里这只左轮手枪的枪口里冒出来。他从窗户望出去，看到人行道上的行人们都纷纷蹲或者趴在地上并寻觅着可以躲避的地方，同时试图找到枪声是从哪里发出来的。布莱恩立刻往后退了几步，将枪放回梳妆柜的抽屉里，坐回到电视机前。他能感受到自己的心跳在不断地加速，心里想着："刚刚到底发生了什么？"同时他也非常害怕，担心是否击中了谁。

布莱恩的弟弟跑进房间里问道："刚刚那声巨响是什么？"布莱恩的心还在咚咚直跳，一边盯着电视一边回答"不知道"。等弟弟离开房间后，他小心翼翼地瞥了眼窗外，发现街上一个人都没有了。他妈妈回来的时候一直抱怨着不知道哪个傻子在外面开了一枪，倒是没有提及有什么人员伤亡。布莱恩没有听见救护车的鸣笛声，看到外面的车流和人流也渐渐恢复，他这才慢慢舒缓了紧张的情绪，心跳也回归正常。

布莱恩和他的弟弟很幸运，因为那一晚街上的行人很有可能被布兰恩击中。2013 年，俄亥俄州迪凯特的一名九岁男孩在父母的卧室里找到一把上了膛的手枪，玩耍时扣动了扳机，不幸身亡。据儿科医生文森特·伊安内利（Vincent Iannelli）说，2007 年美国就有 122 起儿童因枪支意外发射而死亡的案例，以及 3 060 起非致命的枪击事故。自此，每年这些意外事故的数目几乎与之前持平。这其中大部分儿童都曾在家里和学校里被不断告诫枪支的危险性，但他们还是忍不住拿起了枪。自我保护意识是我们最根深蒂固的本能，但却能被好奇心给攻破。

自从布莱恩和他的弟弟拿起那把手枪的那天起，他们就被消遣性好奇给控制住了——那是一种对新鲜事物的渴望。儿童总是被消遣性好奇推动着去不断地探索。他们渴望知道如果自己把手放进火焰中，或者把泥土放进嘴里，又或者拿起一把枪并握在手中会发生什么。在成年人的生活中，这种好奇就转化为无休止的对新的信息和经历的渴望。这种好奇会让儿童一直盯着岩石潭观察，会让成年人不断刷新 Twitter 信息。①

消遣性好奇不遵从任何特定的程序或者方法，注意力会从一个新鲜事物转移到下一个，因而它会使人毅然地避开或者搁置乏味的事物，持续地寻觅新的信息和感官体验。它的影响力是突发而不可抗拒的，能快速俘获我们的心智。有实验者按照著名的棉花糖测试——在小孩面前摆上好吃的食物，并看他能否等上五分钟再吃——做了类似的实验，他们告诉小孩子们不要回头看身后那个很有吸引力的玩具，并观察小孩子们是否能经得住诱惑。结果，几乎没有一个小孩可以做到。

其实，何止孩子做不到。圣·奥古斯丁曾讲过一个关于罗马人阿利比乌斯（Alypius）的故事。阿利比乌斯很厌烦并强烈反对角斗士表演。有一天，他遇到几个朋友并被他们拽到了角斗士表演的露天剧场里。表演开始后，他固执地闭

---

① 知觉性好奇是消遣性好奇的一部分，特指身体感官上的体验追求——正是它驱动着人们去登山、去探海，只为了看一看那里是什么样子。

上眼睛不看，但是当观众呐喊的时候，他的固执被好奇心打败了，他不禁睁开眼睛瞥了几眼。据圣·奥古斯丁讲，这给他留下了终身的心理创伤。

消遣性好奇可以化为一股力量，引导人们从环境中摄取更多的养分，但又可能会使人迅速变得漫无目的，注意力涣散甚至情绪沮丧。在1993年的一项调查中，研究者采访了30个人，想要了解他们对于收到信件的看法。研究者发现，虽然人们每天都迫不及待地等候着他们的信件，但大部分受访者都表示，他们几乎总是会对自己实际收到的信件感到失望。在电子邮件及社交媒体时代，每天这种期待与失望之间的强烈交替会比从前频繁好几十倍，甚至好几百倍。

18世纪的思想者埃德蒙·伯克（Edmund Burke）虽然只是简单地把消遣性好奇称为"好奇"，但他却完美地领悟到了它的本质：

> 我们在人类大脑里发现的最早及最简单的情绪就是好奇。这里所说的"好奇"，是指我们对新鲜事物的一切渴望或者由此带来的所有愉悦。我们能注意到小孩子会不知疲惫地从一个地方跑到另一个地方去寻找新的东西。他们有着极其迫切的渴望，毫不挑剔地捕捉眼前的一切事物。他们忙于关注所有的东西，因为那些东西在每个生命阶段都有着不一样的魅力。但是那些仅仅靠新鲜度来吸引我们的事物往往无法让我们长时间地关注。好奇是所有喜爱之情中最肤浅的一个层级，它的对象更替频繁，使人们爱好刺激却很容易满足，并且总是表现得轻率、不安分和焦虑。

伯克对好奇心有着如此负面的态度让人费解，因为他本人正是我们所认为的那一类有着强烈好奇心的人。从美学的意义到英殖民地国家公民的生活状况，他对一切话题都感兴趣。但我们也看到，相对而言，好奇与学习之间的关联已经越来越紧密——事实上，大概从伯克写下上面那段话的时候就已经这样了。

人们对知识的涉猎是从消遣性好奇开始的，表现为对新的信息、感官、经历及挑战的渴望。但这仅是一个开始。如果在伯克的描述中有一部分让你觉得竟然有些熟悉的话，那多半是因为它们可能被用来描述我们使用互联网的方式：通过不断点击来切换链接、搜索新的信息，从不会停下来给自己足够的时间，来好好地学习或者消化面前的内容。在互联网世界里，消遣性好奇被触手可及的短信、电子邮件、Twitter 信息、提醒及新闻通知等数据流不断地刺激着，直击我们对新鲜事物的渴望之情。在这个过程中，我们收集知识的能力发生了退化，因为那是一个缓慢、困难甚至还可能让人沮丧的过程。

| 语言狂人阿奎列斯 |

亚历山大·阿奎列斯（Alexander Arguelles）在他 38 岁的时候遗憾地总结到，他懂得的语言太多了。2001 年，他在圣比得堡待了一个月，并聘请了一位教俄语的私人教师，每天一对一地学习六个小时，之后便返回了韩国。在离开圣比得堡之际，他觉得自己已经可以跟当地人用俄语交流了，可是当他回到韩国乡下的家中并开始阅读原版的屠格涅夫和陀思妥耶夫斯基的著作时，他发现自己根本看不懂。他所掌握的俄语词汇远不足以欣赏这些最经典的著作。于是，他面临着一个痛苦的选择。

阿奎列斯从幼年时期开始就有着对语言学习的无限渴望。在纽约出生并长大的他，从小就跟家人一起巡游世界，横跨印度、北非和欧洲，并在意大利居住过一段时间。他的父亲通过自学掌握了多门语言。阿奎列斯在成长的过程中就一直观察他的父亲毫不费力地切换多种语言，跟说不同语言的人对话。在他记忆里，父亲的形象令人生畏，并且父母亲不鼓励阿奎列斯像他一样学习语言。但是阿奎列斯却如同中毒一般，对语言热爱到无法自拔。

学习语言对他来说当然不是与生俱来的特殊能力。他在学校学习法语的时候，进步非常缓慢，后来几乎要放弃了，但他还是坚持下来了，并最终发现自己很是享受学习新语言这一挑战过程。当他 14 岁时，他开始阅读德国作家和哲学家的著作，如歌德和伊曼努尔·康德的著作。他知道如果想要真正去深入了解作者的思想，那就需要将德语学习提高到一个很高的标准才能读懂原版著作。到了大学，他逐渐了解了更多看似神秘的语言，如法语、拉丁语、古希腊语及梵文。阿奎列斯为追求百科全书般的大脑而着迷，他认为这样就能统观全世界人民所积累下来的智慧，于是他全身心地投入到学习更多的语言之中。

大学毕业之后，阿奎列斯到芝加哥大学继续攻读宗教历史的博士学位，同时还辅修了波斯语和古法语的课程，尽管这些课程跟他的学位一点关联也没有。有一天，阿奎列斯被他的导师叫到办公室，并被问到为什么要去学习波斯语而不是将时间都放在研究宗教上。阿奎列斯坦率地回答道，他就是喜欢学习语言。他的导师摇了摇头说："以这种态度，你是无法成为一位被大家认可的学者的。你需要做出选择。"

阿奎列斯被迫中断了波斯语的课程，但他还是想尽办法继续学习古法语、古德语、古英语和挪威语。在芝加哥大学获得博士学位后，他搬到了德国柏林，从事日耳曼语文学的博士后研究工作。他再一次燃起了对语言的热情，为之投入了比在主业上更多的精力。阿奎列斯下定决心要将德语说得跟当地人一样流利。他不再说英语，也试着把英语从思维中消除，还让认识他的人帮助他纠正说德语时的每个错误。他会查询他碰到的每一种新的语法，甚至每周去见一次专业语言学家来矫正发音。过了一段时间，他不再为如何说德语而担心，他可以很自然地脱口而出。

他因职务所需经常在欧洲各地出差，这也使得他有机会去学习更多的语言。他发现那些表面上看起来非常不同的语言往往都有着内在的相似之处，于是每种新的语言就变成了某个体系的变种，而无须完全从头学起。他脑子里的语言开始相互交融。他发现瑞典语是他已掌握的三门语言的组合，分别是挪威语、古德语和英语。他仅仅学习了三周就能自如地与当地的瑞典人进行复杂对话了。

俗话说"冰冻三尺非一日之寒"。阿奎列斯认为："学语言没有任何诀窍，就是要持久地专注学习。"他不仅需要勤奋地学习以掌握更多的语言，还需要迫使自己改变原本沉默寡言的性格，强迫着自己变得絮絮叨叨，并故意与当地人无话找话地聊天，这一切只是为了达到语言学习的目的。

阿奎列斯仍然渴望"一次真正的语言挑战"。他决定尝试学习亚洲语言，于是他只身前往韩国的一所大学任职（他曾经读到过有关"韩语是对西方人来说最具挑战性的亚洲语言"的报道）。那所学校建在一座孤山上，被松树林、竹林和水稻田所包围。他所居住的房间面朝着太平洋。在接下来的五年里，他几乎按照修道士的作息时间生活，晚上八点入睡，凌晨两点起床，每天学习 16 个小时。他学习了韩语、汉语、日语和马来－印度尼西亚语，还探究了凯尔特和斯拉夫语族，短暂尝试学习了芬兰语、祖鲁语、斯瓦西里语、古埃及语和盖丘亚语，并熟知了阿拉伯语和波斯语。直到俄罗斯之旅后，他才意识到若想更加深入地掌握已学到的语言，就需要放弃多门正在学习中的语言。

| 好奇是一把双刃剑 |

布莱恩·史密斯和亚历山大·阿奎列斯的故事看上去没什么相同之处，但都反映了同一个现象：从最初单纯想要体验的迫切欲望逐步发展到想要持续学习的渴望。尽管这两个例子都不太寻常。

由此可见，好奇好比一把双刃剑。一方面驱使着我们掀翻石头，打开橱柜，点击链接，使得青少年从母亲那里偷拿香烟，即便是高大上的教授也会想翻开眼前亮闪闪的杂志一窥究竟；另一方面使我们愿意花时间去读完一本长篇小说，追求一些跟自身利益毫不相关的兴趣爱好，比如学习一门已经废弃的语言。以上两方面的区别在于能否带来专业知识的积累。

布莱恩·史密斯从未向他的兄弟们提及那晚开枪的事。他躲过了所有可能产生的后果，包括来自母亲的可怕惩罚，但是这个事件却以另一种方式给他带来了影响。他将这种有危险性的对枪的好奇转化为想要研究它的持续性渴望，从而使他对枪的认识程度远远超过了学校传递给孩子们的关于枪支危险的解释。[1] 史密斯成年之后成为了芝加哥的一名警察，并获得了枪支弹药使用方面的专业知识。多年来，他为多项行动培训了无数的执法人员，包括一个被分派去保护时任第一夫人希拉里·克林顿的团队。如今他已经退役，但他还会时常回想起那个晚上，并感叹"未经指导的好奇"是多么危险。

亚历山大·阿奎列斯想要学习语言的初衷是认为通晓多门语言似乎有着令人振奋的发展前景。他很快发现，学到的越多，可探索的也就越多。随着年龄的增长，他的好奇心深深陷入想要吸收全世界人民智慧精华的渴望之中。[2] 如果没有相关的知识，布莱恩·史密斯想要钻研枪支的渴望是危险的；再者，如果没有钻研的渴望，他可能就达不到现在的专业程度。认识性好奇描述了一个从简单地追求新鲜感到亲自尝试着去理解和认知的深入过程。它是在消遣性好奇成熟之后产生的。

> 认识性好奇并不容易拥有，它需要持久的在认知上的努力。相比消遣性好奇，满足它更加艰难，但最终也让人们收获更多。

认识性好奇并不容易拥有，它需要持久的在认知上的努力。相比消遣性好奇，满足它更加艰难，但最终也让人们收获更多。就像电灯泡里钨丝对电流的阻碍会使电灯泡发亮一样，认识性好奇也是以解决重重困难的方式来使人获得启迪。

未受控制的好奇心容易导致冲动，的确有危险性，布莱恩·史密斯的例子已经证明了这一点。蹒跚学步的幼儿在四处探索时可能会陷入麻烦，这正是父母会在家里的楼梯口处安装上围栏的原因。强烈的消遣性好奇心也被当作毒品成瘾及纵火的风险因子。专家称，小孩玩火的原因之一就是他们被好奇心驱使，想要看看某个东西被点亮之后是什么样子。

"会多门语言当然不会带来经济上的收入，"阿奎列斯最近在接受采访时说

---

[1] 当然，减少枪支危害最显而易见的方法是限制使用，但是这个辩题已超过了本书想要探讨的范畴。我在这里提到枪，只是把它作为一个极端的例子来表现消遣性好奇的力量。

[2] 在阿奎列斯想要妥协并决定放弃学习一些语言之后，他的人生发生了改变。他遇到一位韩国女性，并娶她为妻，之后当上了父亲。他现在和家人居住在加利福尼亚州，并继续着他的研究。

道，"它非常耗费时间和精力。"为什么我们会不惜冒险去努力获得一些无法马上利用或者带来好处的知识呢？经济学家认为这很难解释，因为这不符合他们所建立的人类行为模型。从进化论的角度来看也不好理解。如果我们的首要目标是要生存下去，从而让基因得以延续的话，那为什么我们天生就有这种明显会给福祉带来风险的需求呢？就算不是带来风险，至少也是在无形中产生了困难与不确定性。换句话说，为什么智人是如此具有好奇心的动物呢？

| 为什么智人是如此具有好奇心的动物 |

不妨让我们想象一下：有一位猎人仅仅携带着一个简陋的诸如弹弓之类的石制武器去捕杀动物作为食物。首先，他需要找到猎物；其次，他要足够靠近猎物，因为他的武器射程很有限；然后，他需要在自己被杀之前杀死那个猎物。这是一个复杂的问题，有赖于一些知识来解决。

猎人只有熟知动物足迹才能辨别出是哪种动物、它朝什么方向行进，并通过脚印的新旧程度来判断它可能走了多远。他或许还可以慢慢地搜集更多的痕迹来推测出这种动物的年纪、性别、大小及身体状况。接下来，当靠近猎物时，他需要运用动物行为的相关知识来预测它的下一步行动——比如，若是它喷鼻息或者分泌唾液，那就说明它将要发起攻击或者将要逃走，如果是这样，它的行动速度大概会有多快。[①] 猎人不太可能会单独行动，大概会是一个团队进行协作，但这就使得事情变得更加复杂。他现在需要知道团队里的每个成员的分工是什么，他们各自的强项和弱点是什么，哪些人可以信任，而哪些人不可以。

---

① 1973 年，进化论心理学家史蒂文·托尔金（Steven Tulkin）及梅尔文·康纳（Melvin Konner）曾与卡拉哈里沙漠的布希曼人（Kalahari Bushmen）接触过一段时间，发现他们不仅掌握大量关于动物行为的知识，还有着很成熟的方法来对动物的行为进行评估。他们做出的区分包括：a. 我亲眼看见它；b. 我没有亲眼看见它，但是我看到了它的足迹，这是我根据足迹做出的判断；c. 我既没有亲眼看见它，也没有看到过它的足迹，但是我从很多见过它的人（一些人或一个人）那里听说过；d. 我不确定，因为我既没有亲眼见过，也没有直接从见过它的人那里听说过。

对人类及其祖先来说，知道的越多对生存越有利，尤其是因为他们在生理上不及一些竞争对手强壮。人类在进化的某个阶段发展出了强大的记忆储存能力，这就意味着他们能够有意识地对知识投入精力。他们可以收集并存储信息以备后用，而不是简单的在有需求的时候——例如饥饿时——才被迫找寻需要的信息。被存储起来的知识也许在人的一生里会被多次运用，也有可能一次都用不上。

美国密歇根大学进化论心理学家史蒂芬·卡普兰（Stephen Kaplan）将早期的人类描述为"活动范围广阔但仍有固定居所的动物"。他们掌握的环境信息越多，生存下去并传递基因的可能性就越大。要收集那些知识就需要走出去，去未知世界探险，去找寻新的水源和可食用的植物。这意味着他们会有生命危险，他们可能会成为其他肉食动物的盘中餐，也可能会迷路再也回不了家。那些既能收集信息又能自我保护得很好的个体，其生存概率是最大的。

可能是为了鼓励人类去冒险寻求新信息，人类进化的过程中充满了好奇与愉悦。我们大部分人都明白哥白尼所描述的他在学习中找到"难以置信的精神上的愉悦"是指什么。神经学家已经在我们的大脑中找到了产生这种愉悦感的某类化学物质。美国加州理工学院的科学家们做了一个实验：向一些大学生提40个冷门的问题，并同时对他们的大脑进行扫描。科学家们要求被试读完每个问题后在心里默默猜测问题的答案，并表明是否好奇正确答案是什么。若是好奇的话，问题会被再次呈现，并附有答案。扫描显示，那些激起他们好奇心的问题刺激了他们大脑中与学习和爱情相关的尾状核。尾状核里密布着传递多巴胺的神经元。多巴胺是一种化学物质，在我们进行性行为或者进食的时候会布满我们的大脑。可见，大脑进化出了这种将求知欲和我们最本能的愉悦等同起来的引导程序。[①]

尾状核也影响着我们在视觉上对于美的反应。我们对于美学的偏好和对于知识的渴望之间可能存在一种很深入的联系。大量的研究表明，给不同文化背

---

① 饶有兴趣这种感觉可以表现为一种神经信号，将我们引导至无限的探寻之旅中。伟大的实验心理学家斯金纳曾建议道："当你遇到感兴趣的事情时，应该放下手中的一切来专心研究它。"

景的人看景观照片的时候，他们都更偏好展现大自然的画面，特别是与水相关的，比如河流、海洋和瀑布。这说明我们会无意识地评估，如果我们偶然进入眼前画面所呈现出的这种环境里该如何应对。

真正有趣的是，研究显示人们偏好最一致的场景都带有神秘色彩，这些场景中会有一些在画面上看不见的东西，比如一条通向远方的弯弯曲曲的小路，或隐藏在厚厚落叶中的一条可通行的窄道。当看到一些我们知道对自己有好处的东西时，我们会感到愉悦。而那些我们知道其存在但是尚不了解的信息，同样也能给我们带来愉悦。①

| 文化造就了人类强大的适应能力 |

大约六万年前，人类的一小分支走出了非洲去探寻未知世界。他们离开了其他灵长目近亲，也离开了原先共同拥有的生态栖位（ecological niche）。几乎所有的动物都局限在他们的栖位上：大猩猩不会想要离开丛林到河边去扎营；马鲛鱼不会鲁莽地尝试能否在陆地上生活；树蛙不会离开它们赖以生存的树木。但是当人类离开了热带草原后，他们的居住地就占据了各类地方，从沿海、沙漠、森林，到高山、平原、冰冠，甚至到了外太空。他们在所有的地方都因地制宜地设计了庇护所，并想出了各种新的办法来应对环境，就如同回到了家。

是什么使得我们有如此强大的适应能力？简单来说，是文化——从他人身上学习、复制、模仿的能力以及懂得分享和改进的能力。当人类学会用口头语言及之后出现的

是什么使得我们有如此强大的适应能力？简单来说，是文化——从他人身上学习、复制、模仿的能力以及懂得分享和改进的能力。

---

① 史蒂芬·卡普兰将这项研究与一个由英国地理学家杰伊·阿普拉顿（Jay Appleton）提出的景观偏好理论联系了起来。这个理论由阿普拉顿在其 1975 出版的著作《风景的体验》（*The Experience of Landscape*）中提出，有很大的影响力。阿普拉顿以艺术作品和真实画面的例子说明人们在一个景观里寻求两个东西：视野与庇护（prospect and refuge）。视野是指我们从整体画面中获得的乐趣；庇护是让我们觉得有可以躲避的安全地方，在那里能观察外界而不被发现。你可以按照信息偏好来理解它们，那就是我们喜欢搜集信息，并乐于比别人获得更多的信息（有时候我们称之为获得"秘密"）。

当人类创造出文化之后，我们的基因和心灵之间的平衡关系发生了一次重大的改变。人类成为唯一能从先人所积累的知识中获得生存指导的物种，而不是仅从DNA上获得。

文字来交流时，思想、知识和实践（比如如何做一个鱼钩、造一条船、制作一把长枪、唱一首歌、雕刻一个神像等）就能如同基因一般被复制和结合。但与基因不同的是，它的传递不受时间和地域的限制。文化使得人类从生理局限中解脱出来。进化论生物学家马克·佩格尔（Mark Pagel）指出，当人类创造出文化之后，我们的基因和心灵之间的平衡关系发生了一次重大的改变。人类成为唯一能从先人所积累的知识中获得生存指导的物种，而不是仅从 DNA 上获得。

人类可以向同辈学习（横向学习），也可以向父母及长者学习（纵向学习），还可以向我们的祖先学习。这种不仅可以将知识相互传递还可以代代传承的能力，使得我们拥有了强大的适应力、创造性和想象力。在前人的基础上，我们的知识不断地丰富，思想不断地更新。前人发明了车轮，使得我们能够发明汽车。就像佩格尔所说："正是因为有了文化，才使得我们能够看 3D 电视，能够修建大教堂，而我们的近亲黑猩猩数百万年来却只能在森林里不断重复地砸着坚果和石头。"

承载着文化的动物一定是有好奇心的。就像我们进化出要远离愤怒的熊的本能一样，我们也进化出了吸收文化的能力。发展心理学家艾莉森·高普尼克（Alison Gopnik）说："对于人类来说，培育就是我们的文化。"认识性好奇是一种对文化信息的渴望，是我们得以走出非洲并扎根于世界各个角落的人类特质之一。消遣性好奇让我们想要知道山的另一边有什么；认识性好奇使得我们到了山的那边之后，拥有可以生存下去的知识储备。用马克·佩格尔的话来说就是，每个人类社会都是一个"文化延续的载体"，都积累着丰富的知识。而每个人都天生有着想去探寻这些文化的强烈欲望。

一旦掌握了可以生存下去的知识，一些成年人就不再努力向周围的人学习，而另一些人则继续像个孩子一样充满了探索的热情。在列奥纳多·达·芬奇的手稿中，有一页上列出了一个待完成任务的清单。以下是一个经修改的翻译版本。

- 估算米兰及其郊区的面积大小。
- 在去科尔杜西奥路上的文具店里找到一本谈及米兰各个教堂的书。
- 弄清楚科尔特维奇亚 ① 的大小。
- 让一位数学家来教你如何把三角形变成正方形。
- 询问佛罗伦萨商人贝内戴托·波提纳利（Benedetto Portinari），他们在佛兰德斯是用什么方法在冰上走的。
- 画米兰。
- 询问安东尼奥大师（Maestro Antonio），堡垒上的迫击炮在白天或晚上是如何定位的。
- 研究贾内托大师（Maestro Gianetto）的弩。
- 找到一位水力学家并让他告诉你如何用伦巴第族人（Lombard）的方法维修一个水闸、沟渠和水磨房。
- 询问太阳的大小。乔瓦尼·佛兰切塞大师（Maestro Giovanni Francese）答应会给我答案。

看到这份清单，你可能首先注意到的是达·芬奇的兴趣是如此多样化。他渴望去了解所有的事情，无论是地球到太阳的距离，还是如何操作弩或如何在佛兰德斯滑冰。在此期间，他还想要画米兰，说不定蒙娜丽莎正是这样被创作出来的。

如果我们知道需要找到什么就能让自己快乐，或是一出生就被告知如何做到，那么生活就会容易多了。但是在一个纷繁复杂的世界里，我们根本无法知道什么在将来是有用的。所以，将认知的范畴扩展得更广是很重要的。有着强烈好奇心的人会去冒险、尝试，会让自己在多方面都有投入和收获。他们知道今天偶然所学的知识有可能在明天能派上大用场，或者能激发一种新思路去解决一个完全不相关的问题。环境越是不可预测，对于知识来说，看似没必要的广度和深度就越重要。人类向来需要面对复杂性：打倒一头猛犸象可不是一件简单的事情。如今，我们生活在一个更广阔的、丰富多彩的、快节奏的社会里，

---

① 科尔特维奇亚是杜克宫（the duke's palace）的庭院。

好奇心变得比以往任何时候都更重要，它也能为我们带来更多的回报。

这意味着我们需要了解各种事物，也需要认识不同的人。在达·芬奇的清单上另一个引人注目的事情就是，他将需要登门拜访很多的人。他的好奇心使得他善于交际。法国作家蒙田写到，到不同的地区和国家旅行可以"用别人的智慧来完善我们的大脑"。达·芬奇仿佛是以谦卑的态度以求接触更多的人，来完善自己的大脑。他在完整的清单上列出了十五项任务，其中至少有八项涉及向其他人请教，两项涉及别人的著作。不难想象达·芬奇是多么急切地想与各类专家交流，总是以"告诉我……"开始每次对话，一心想获得他们的知识。那些有着强烈好奇心的人更有可能擅长团队协作。他们在积累文化知识的过程中会去认识新的人，寻求新的盟友。

在下一章中，我们会更进一步讨论婴儿和小孩的好奇心，以及为什么他们中的一部分人在成年后更有可能像达·芬奇那样，对这个世界是如此地好奇。

CURIOUS

The Desire to Know
and Why Your Future
Depends on It

02

好奇心是如何产生的

| 婴儿大脑之谜 |

如果你想评出世界上认识性好奇水平最高的社区，不妨考虑下伦敦的布鲁姆斯伯里（Bloomsbury）。250多年以来，坐落在其中心的大英博物馆一直是展现科学探索的世界中心，也是知识的交流平台。沿着布鲁姆斯伯里的街道漫步，能看到沿街而建的雅致的乔治王朝时期风格的联排别墅和宅邸。你的视线会被一个个蓝色的金属展示牌所吸引，上面标注着曾经在这里居住或工作过的当代最有影响力的一些思想家，其中包括查尔斯·达尔文、伯特兰·罗素、弗吉尼亚·伍尔芙（Virginia Woolf）和约翰·凯恩斯。这里的街道总是被伦敦大学及其附属机构的学生和教员挤得满满的。

推开罗素广场边上一栋不起眼的建筑的大门，你会发现自己站在一个放满玩具的、被装饰得五彩缤纷的娱乐室入口处。这里不是托儿所，而是研究婴儿大脑之谜的实验室 Babylab 的接待区域。Babylab 是由伯贝克学院（Birkbeck College）创建的，现在已经成为世界闻名的研究婴儿早期认知发展的中心之一。

每周都会有好几十个小研究对象光顾这里。他们在父母或看护者的陪同下，以科学的名义玩游戏，从而帮助伯贝克学院的研究者们渐渐了解这些刚刚被"创造"出来的人类的大脑是如何运转的。

2014 年 2 月的一个下午，我在 Babylab 与两位探究认识性好奇起源的心理学家——泰奥多拉·格利加（Teodora Gliga）和凯塔琳娜·贝古斯（Katarina Begus）见面，格利加正是贝古斯的博士生导师。格利加和贝古斯向我介绍了他们的新研究对象——一个名叫古尤（Guiu）的九个月大的婴儿。他的妈妈是巴塞罗那人。贝古斯给了古尤一个玩具电话玩，并熟练地在他头上套了一个电极网。接着，贝古斯把他带到一个有摄像机的小房间里，在他妈妈的帮助下，将他放进一把面对着一个屏幕的椅子上，并系好安全带。

接下来的五分钟，在古尤妈妈的陪伴下，贝古斯给了古尤一系列不同形状和大小的玩具。在房间外，格利加和我可以在两个屏幕上观看古尤对于玩具的反应。一个屏幕用来播放和回放拍摄的影像，通过记录古尤玩每个玩具的时长以及他的关注点来评定和分析他对于不同玩具的感兴趣程度。另一个屏幕则显示了一系列颤动的平行线，时不时跳起一个波峰。这是通过古尤头上戴的电极网来探测生物电活动，从而粗略地估计出古尤的大脑活动情况。

> 婴儿好奇心的变化很大程度取决于周边的物理环境，尤其受到他们的成年看护者的影响。也就是说，婴儿的好奇心是有依赖性的。

很容易想象婴儿总是处于充满好奇的状态。那些关于育儿的书籍、科学报道以及我们对于儿童根深蒂固的情感偏见都让我们认为婴儿在醒着的每时每刻都沉浸在对世界的惊叹之中。尽管他们在这个阶段的确有着急切的探寻渴望，但是同我们成年人一样，他们的好奇心也在变化之中。他们有时候积极活跃地想要学习，有时候会感到无聊，或者陷入想象，抑或是昏昏欲睡。最重要的是，他们好奇心的变化很大程度上取决于周边的物理环境，尤其受到他们的成年看护者的影响。也就是说，婴儿的好奇心是有依赖性的。

格利加和贝古斯正试着找到一种可靠的方法来测量婴儿在不同时刻的好奇程度。他们一直在做与我今天所目睹的相类似的实验，进而分析能否识别出婴儿大脑在认识性好奇出现时的特定状态。他们的假设是，婴儿会在某个非常乐意且能够学到知识的时刻呈现出一种可以通过某个特定脑波识别出的特定的神经状态。他们仍然在实验探寻这种假设的可能性，就像父母对孩子的教育一样，这项婴儿参与的研究需要非常大的耐心。

古尤玩过贝古斯盒子里所有的玩具后，他的注意力会被面前电视屏幕上五颜六色的图像所吸引。他刚刚玩过的玩具的一系列图片被一一回放。每张图片的旁边都配有一张和该图片上的玩具非常相似但有细微差异的玩具的图片。当格利加和贝古斯研究实验得到的数据时，他们会去分析古尤花在看某个相似玩具上的时间和精力，是否与他在看原玩具时所表现出来的感兴趣程度有任何关联。他们的结论是，如果古尤在看某个类似但有细微差异的玩具时表现得很专注，那说明他对原玩具很感兴趣，渴望去了解更多。

他的好奇心被吸引了出来。

| 儿童的好奇心离不开父母的参与 |

不妨想象一下，一群不同物种的父母聚在一起，一边喝咖啡，一边讨论他们后代的成长。小马驹的爸爸会炫耀它的儿子几乎是从妈妈子宫里走出来的；小羊的妈妈会抱怨年轻的女儿的性伴侣选择问题。然而所有参与者都会为人类的父母感到遗憾，因为他们的后代到三岁了还不怎么会自己吃饭。

我们是发育成熟很慢的一个物种。小马驹在出生之后的半个小时内就能围着草场蹒跚学步了，而婴儿却要长到 18 个月左右；小鸟在出生两三个月后就会被母亲赶出鸟巢，而人类在大学毕业后还会搬回父母的家；黑猩猩断奶后直接进入青春期，而人类则需再等上个十年左右。艾莉森·高普尼克指出："没有任何一种生物像人类婴儿一样有这么长的时间是需要依靠别人来生存的，也没有一种生物会像成年人类一样如此长久地、心甘情愿地接受这种被依靠的负担。"我们将这一持久地依靠成年人的阶段称为"童年"。

童年这一被延长的幼儿期有一个不易察觉的好处——人类会在这一阶段学会如何去爱、去学习以及思考为什么，并将这些能力带到成年。童年意味着不用去遵循特定的行为方式，因为有成年人在照料我们的生计问题。我们可以犹豫不前、观察、提问和学习，直到找出最佳方案再来选择自己的道路。正因如此，才最终使得智人有如此强大的适应力和创造性（难怪龟兔赛跑的寓言故事如此受欢迎）。我们在出生后的十年或者二十年里都不用忙于照料自己，于是就能集中精力去探寻我们生活的环境并形成自己的观点。

要了解的生活环境不仅包括物理环境，像冰上的圆顶雪屋或伊斯灵顿的房子，还包括文化环境——世界通用的肢体语言、符号标志以及科学技术。17世纪的英国哲学家约翰·洛克（John Locke）曾提出著名的"白板"假设。他认为初生婴儿的心灵就如同一页白纸一样空白。我们现在知道这种表达不正确，因为科学家相信人在一出生时便掌握了一些基本的能力，比如模仿、面部识别及分辨简单的因果关系。但是约翰·洛克的洞见并不是完全错误的。当时，他目睹了本国天主教徒和新教徒之间由于尖锐的矛盾而引发的内战，从而产生了强烈的厌恶情绪。正是在这样的背景下，他提出了"白板说"。

没有天生的天主教徒或新教徒，也没有天生的爱斯基摩人或贝都因人。一个人对自己身份的感知来自从父母和他人那儿学到的文化知识。如果文化是保护我们安全成长（或用于相互对抗）的堡垒，那成年人则是站在这个堡垒上，扔下一根绳子让婴儿可以将他们自己拉到城墙上，而这根绳子就是好奇心。

> 小孩子有他们自己的学习方法。每个婴儿都会按照自己的意志去探寻这个世界，而不是简单地从环境中吸收信息，遵循一些基因中的指令。

小孩子有他们自己的学习方法。每个婴儿都会按照自己的意志去探索这个世界，而不是简单地从环境中吸收信息，遵循一些基因中的指令。把一个婴儿放在任何一个地方，他都会敲击、拍打，或把东西拿起来放进嘴里，玩一阵后开始爬行、行走或者到处奔跑。

位于马里兰州的美国国家儿童健康和人类发展研究所（National Institute of Child Health and Human Development）的科学家们最近有一些不同寻常的发

现——一个婴儿越积极地探索他生活的环境，就越有可能在之后的青少年时期获得学业上的成功。研究者对 374 个 5 个月大的婴儿进行了行为活动测评，包括爬行、试探和摆弄，然后追踪他们在之后 14 年里的成长。他们发现，那些学业最好的 14 岁青少年正是当初那些最忙于探索世界的婴儿。

我们生活在一个社会世界里，也生活在这个社会世界的文化中。婴儿和幼儿正是要在这样的环境下真正锻炼自己的认知能力。任何一个儿童的家长都知道他们的孩子是多么喜欢跟父母玩心理游戏，试探父母所能忍受的极限。婴儿的顽皮实际上是他在做实验，用于收集数据。当妈妈告诉儿子不要吃脏东西时，他会马上猜想如果他吃了会怎么样，妈妈会作何反应。一个小男孩把他姐姐用积木精心搭建起来的高塔推倒，他并不是想看这个倒塌的过程，而是想看姐姐愤怒的反应。

最初，孩子会假定别人所想的和自己所想的没有区别，每个人的想法都一样。之后他们会注意到事实上并非如此——不同的人好像说着不同的事情，想要不同的东西，会因得不到而难过，因得到了而开心。于是，孩子便开始对别人脑子里的想法感兴趣，这也正是同理性好奇的开端。其实在这个阶段之前，孩子就是非常老练的模仿者。他们会效仿成年人的行为举止，尽管有时候并不理解为什么要这样做，然而却能很好地分辨出哪些成年人值得去模仿，哪些最好忽视。

一直以来，他们都在收集文化信息——学习如何表达自己，如何分辨对错，如何判断哪些是可接受的行为，哪些是不可接受的。他们学到的最重要的东西之一就是判定有些信息是否值得去学习。

从一开始，好奇就是一种由双方参与的冒险。

| 指向对儿童发展至关重要 |

贝古斯和格利加试图解开一个儿童发展的谜题——为什么一些婴儿会成长为好奇心强的孩子，而有些婴儿则不会。他们认为暂时的假设与两方面因素相关：一个是孩子基本的认知能力，即智力；另一个则是孩子在幼年时提出不成熟的问题时父母或看护者的反应。

> 当一个小孩在做"指"这个动作时，就是启动了心理学家所谓的"共享式注意力"——让你去关注他正在关注的事物。指向对儿童的发展至关重要。儿童指向的频率与他学习语言的速度相关。

贝古斯和格利加的实验之一是专注于一个看上去很简单的动作——指。大部分婴儿在一岁左右会开始做指向物体的手势，很快就转变为由食指来完成。当一个小孩在做"指"这个动作时，就是启动了心理学家所谓的"共享式注意力"（joint attention）——让你去关注他正在关注的事物。指向对儿童的发展至关重要。儿童指向的频率与他学习语言的速度相关。那些没有指向动作的孩子更可能在语言学习、社会适应及向他人学习上出现障碍。

我们无法明确地知道为什么婴儿会指指点点，因为他们还不会说话。但是我们可以做出很好的猜测，比如，他们是指向他们想要的东西，还是仅仅要引起妈妈的关注。格利加和贝古斯认为，婴儿经常通过指着某个东西来表示他们对此感兴趣，希望了解更多，并期望家长可以告诉他们。在孩子会说话之前，他们是用手指来问问题的。

格利加和贝古斯有一项研究，观察对象是一组 16 个月大的婴儿。贝古斯和婴儿们一起做游戏，道具包括一些婴儿熟悉的日常生活物品，比如书和杯子，也包括一些他们不熟悉的贝古斯自己做的东西。她会和婴儿一起来探索这些物品。她将婴儿们分为两个实验组。在第一个实验组里，她展现出一个正常成年人应有的知识水平——正确地说出那些常见物体的名字，并帮助婴儿识别及研究那些他们指向的不常见的物体；在第二个实验组里，她故意装傻——假装不知道那些常见物体的名字或者故意说错，比如把一个杯子称为鞋子。她发现，第二个实验组的婴儿做出指向动作的频率明显低于第一组。

让人深受启发的是，如此年幼的婴儿也能够判断你是否很傻。如果你细想一下就会发现，这是一个需要强大的认知能力和社交能力才能做出的判断。这个观点以前也被提出过，但格利加和贝古斯的这项研究的创新之处在于，它证明了"指向"这个动作是想向他人学习的表达，并且儿童是否有指向这一动作取决于和他在一起的成年人的表现。当婴儿面对一个明显漠不关心或是不靠谱的成年人时，他就不再有指向这一动作了。因为如果你不大可能给他提供好的信息，那他的指向就没有意义。

这个原理同时也适用于婴儿咿呀学语这一行为。婴儿出生几个月后就开始咿呀作声，而且全世界的婴儿都有着类似的表现，这与他们生活的文化背景无关。在过去的很多年里，科学家们都认为"咿呀"这种行为意义不大，然而现在将其却视为认知和社交发展的关键标志以及学会说话前至关重要的一步。康奈尔大学的心理学副教授迈克尔·古德斯泰因（Michael Goldstein）一直在观察婴儿如何去记住那些他们不熟悉的物体的名字。他发现婴儿更容易记住那些在他们咿呀学语时得到回应所听到的词。"在咿呀学语的那个时刻，婴儿似乎就准备好了要接收更多的信息，"他说，"这种行为是为了建立一种社交互动，从而可以学习新东西。"

同指向一样，咿呀学语是准备好了可以学习的一个标志。如果一个婴儿的父母会对孩子的咿呀作出及时回应而不是一味忽略，比如试图回答任何他们认为孩子在问的问题，尽管通常都非常难以理解，那这个婴儿就更可能会把咿呀这一行为当成表达好奇的一个途径。相反，如果一个婴儿看着一个苹果说"哒哒哒"，而照看他的人什么都不说，那这个婴儿不仅没有学到那个圆圆的绿色物体的名字，还会开始认为这样咿咿呀呀可能是在浪费时间，没有一点作用。

好奇能够促进学习，即使在婴儿时期也是如此。在另一项研究中，贝古斯给每个婴儿展示两个新奇的玩具。玩具是简单的拼图，通过有趣的推、拉、触碰的方式把各部分放到正确的地方。贝古斯给婴儿展示之后，就等着他指出两个中的一个，然后她会示范其中一个玩具的玩法，这可能是该婴儿之前指出的那个，也可能不是。接下来，贝古斯把玩具拿走，十分钟之后再拿回来并观察婴儿是否会按照之前示范的方式来把玩。结果发现，婴儿对于自己最初感兴趣的那个玩具更可能正确地模仿出她的动作。

值得注意的是，在 15 分钟的实验过程中，一个成年人可以引起一个婴儿很大的好奇，也可能很小，而多与少则取决于该成年人不同的行为表现。这正是好奇心的秘密之一。我们不是一出生就被分配了固定程度的好奇心。我们所传承过来的好奇心在我们一生中的每一天都有着起伏变化。而且，它的变化深受周围人行为的影响，尤其在我们幼年时期。

同是这项研究，贝古斯也观察了一些和父母一起玩耍的婴儿。她发现父母做出越多的鼓励性回应且反问的问题越多，婴儿就越能学到如何操作他所选择的那个物体。那么，这就可以得出贝古斯和格利加所调查问题的最有可能的答案：虽然出人意料，但是儿童是否有好奇心在很大程度上取决于父母在他早期还不会说话时，对他提出的问题的反应。好奇是一个反馈循环系统。

儿童会认为"指"的作用是什么呢？这取决于他们做此动作时看到的成年人的反应。"如果他们拿到了他们所指的东西，那他们就知道指向这一动作的作用是得到东西，"格利加告诉我，"如果他们听到了他们所指东西的名字，那他们就知道指向这一动作是一种获取信息的方式。"于是我反问道："如果他们发出信号后什么反馈也没有收到呢？"他回答说："那么他们就不再会有指向这个动作了。"

| 关于儿童的提问 |

随着年龄的增长，儿童在大多数方面会逐渐减少对成年人的依赖。但是在发掘好奇心方面，成年人却会在儿童的成长中扮演越来越重要的角色。

　　所有父母都知道，孩子喜欢问问题，并且问很多问题。心理学家米歇尔·乔伊纳德（Michelle Chouinard）在 2007 年分析了一组关于四个孩子与他们各自的看护者进行互动的录像。每次互动持续两个小时，录相一共记录超过了两百个小时。她发现，孩子们平均每小时要提出一百多个问题。其中，部分问题的提出是为了提出请求或者获得关注，有 2/3 的问题是意在引出信息，比如"那个东西的名字是什么"。乔伊纳德总结道："发问不是一件偶尔发生的事情，事实上问问题是一个孩子最核心的特征。"

　　孩子长大后，他们提出的问题也会变得越来越深入。他们会开始要求解释，而不仅仅是获取信息。乔伊纳德发现，孩子在大约 30 个月之前，问得最多的是关于"什么"和"在哪里"的问题，比如"那是什么""它是用来干什么的""我的球（或者我的姐姐、妹妹、哥哥、弟弟及宠物）在哪里""他在干什么"。这些问题都是用来引出事实的。接着，在大概 3 岁的时候，他们会开始问"如何"及"为什么"的问题，用来引出解释。① 这一类问题会随着孩子的长大而更加频繁地出现。一个学龄前儿童和他所熟悉的成年人在家交谈时，每小时大概会问 25 次有关解释的问题。

　　哈佛教育学教授保罗·哈里斯（Paul Harris）是研究儿童提问的专家。他按照乔伊纳德的数据来推算，估计一个孩子在 2 岁到 5 岁这段时间一共会问 40 000 个解释性问题。"这是一个惊人的数字，"他说道，"这表明提问是认知发展极为重要的动力。"这些解释性问题可能是深奥的或可笑的，敏锐的或难以理解的，激动人心的或十分滑稽的。以下随机列出了我朋友们的孩子提出的一些问题。他们提出这些问题时都不超过 10 岁。

- 当我 16 岁时，你们这些大人会都死了吗？
- 如果你们的眼睛变成了苍蝇会怎么样？

---

① "如何"及"为什么"的问题可能不会出现具体的"如何""为什么"这样的字眼。保罗·哈里斯举了一个例子：一个小孩看着自己坏掉的飞机玩具问道："爸爸坏掉了？"哈里斯说："这个孩子大概是在寻求解释性信息，尽管他还不能很好地组织好这个问题。"

- 时间是什么？
- 你以前是一只猴子吗？
- 为什么我无法摆脱我的影子呢？
- 如果我是由妈妈的一部分和爸爸的一部分组成的，那我自己的那一部分是从哪里来的呢？
- 我会像耶稣一样死在十字架上吗？

保罗·哈里斯指出，问每一个问题都需要一个复杂的脑力程序。"孩子首先需要意识到有很多他们不知道的事情……有很多他们从未涉足的看不见的知识领域。"他们还需要意识到其他人是承载信息的实体，而且语言可以当作"把东西从别人那儿转移到他们这儿的工具"。孩子把问问题当作一种技术来获得领悟。哈里斯评论道，很明显，孩子们问的问题不局限于解决即时疑惑，比如晚饭吃什么或者如何玩这个玩具，"他们会探索事物是怎样的和为什么的问题，有时候就算没有实际的回报，他们也非常执着。"每个问题都是一个小赌注。孩子们在很小的时候就感知到，他们收集来的任何信息在将来都可能派上用场，即使不能马上被运用到。他们问的问题有一些会走向死胡同，有一些会使他们感到困惑，还有一些会因为父母感到尴尬而不了了之。但是，他们通过提问在不断地积累知识。拥有了更多的知识，孩子就能明白他一直在成长，就像他肯定知道明年他的身高会超过今年画在墙上的代表身高的粉笔印一样。

坎吉是一只高智能的黑猩猩，但它却没有好奇心，这限制了它的语言复杂程度。米歇尔·乔伊纳德解释说，孩子甚至在学习语言之前就能发出声音来提出用于收集信息的问题。比如，当一个母亲从袋子里拿出买回的菜时，她的孩子会捡起一个他不熟悉的物品——一个猕猴桃，然后满脸疑惑地伸向妈妈，以只有一个音节却又最准确的表达问道："嗯？"孩子有时候问问题仅仅是重复他们所听到的东西。研究者观察了两个3岁的双胞胎小孩大卫和托比之间的对话。大卫说："我的手很冷。""冷？"托比问。

坎吉却做不到。跟人类的小孩不一样，坎吉似乎不知道理解、交流和沟通可以交换信息，或者没有领悟到还有其他动物比自己更了解这个世界。哈里斯说，儿童会直觉地认为成年人可以是"值得信赖的、掌握着隐藏事实的情报供应者"。他们就像科学家，对所处的物理环境进行着实验，同时他们也在对汇报者进行调查，试图打探出信息的来源。

我们认为问问题是稀疏平常的事情，却忘记了这是一项多么惊人的技能，或者说是一系列技能：首先，你需要知道你不知道什么，找到自己无知的部分；其次，你需要能够想象出不同的、相互矛盾的可能性，比如如果一个孩子问鬼是真的存在还是捏造出来的，那么他已经想象出了有选择性的答案；最后，你需要了解你可以从别人身上学习。以上这些能力都是其他灵长类动物所不具备的，对人类的儿童而言，这些能力也非自然而然或轻易就能发展出来。在不同的状况下，这种能力可能会得到长足的发展，也可能几近退化。

当我们成年后，可以将这些状况引导到正确的发展趋势上，只要我们知道该如何操作。但是一个年幼的孩子却做不到这一点。他的好奇心是由他的父母和看护者来塑造的。大部分的父母包括我自己，有时会对孩子因为好奇而表现出的无休止的指指点点、咿咿呀呀以及各种提问失去耐心。当我们忙于自己的事务时，比如做晚餐、跟朋友讲话、发邮件或仅仅是在休息，就很难对孩子的每个提问做出回应。

如今，我们越来越容易用电子保姆去打发孩子。科技是父母从孩子的好奇中抽身而出的得力助手。我们可以把他们放在电视机前，或让他们玩手机，或给他们一个装有他们最喜欢的游戏的平板电脑。这虽然不是对孩子做了一件极为糟糕的事情，但是经过与专家的交谈以及研究了孩子是如何学习之后，我现在很难过地意识到，我每次忽略女儿的提问都有可能减少了她天生的求知渴望。

CURIOUS
The Desire to Know
and Why Your Future
Depends on It

03

谜题与奥秘

| 好奇心的衰减 |

亨利·詹姆斯（Henry James）意味深长地评述道："我们单纯的求知热情在我们成年后就衰退了。我们每个人很快就达到了各自的饱和点……我们会在一个平衡点上停下来不再向前，以曾经本能的和有着层出不穷兴趣爱好时学到的知识为生。"教育心理学家苏珊·恩格尔（Susan Engel）提出，好奇心在我们4岁时便开始衰减。当我们成年后，提的问题越来越少，更多的是默认的设定。正如詹姆斯所说："无差别的好奇心成为过去，思维的轨道与程式已被设定。"

好奇心的衰减可以在童年时期的大脑发育中被探查到。尽管婴儿的大脑小于成年人，却比成年人多出了几百万个神经连接。然而，这些线路的连接却一团糟，并且神经细胞之间的通信效率远低于成年人。因此，婴儿对世界的感知既是极度丰富的，又是完全混乱的。随着儿童从周围世界接收到了更多的现实依据，一些可能性就变得更加真实和有用，并强化成了知识或者信念。那些能加强信念的神经线路会变得越来越快且自动化，而那些不会被经常用到的路线则会被"修剪"掉。一个生长过剩的花园在慢慢减少累赘，变得越来越有调理。①

因此，这种好奇心的衰退也不一定是件坏事。我们应该对世界有所作为，而不是无奈地听之任之，被一时的刺激所奴役。计算机科学家在论及探索未知与利用已知之间的区别时说："一个系统如果去探索更多的可能性，则可以学习到更多，但如果只是简单地集中探索最有可能性的一面，则可以更有效率。"婴儿在逐渐长大成人的过程中，会越来越多地利用他们已经掌握的知识。然而，成年人往往太过依赖于此：我们变得安于现状，满足于已学到的知识和儿时建立的思考习惯，而不再去补充或修正。我们变得越来越懒惰。

尽管了解好奇心的工作原理并非一个简单的课题，但若能把握好这两种策略的平衡，则有助于我们进行理解。在过去的很多年里，心理学家一直没有将好奇心研究透彻，尽管可以想象他们自己本来就有好奇心。好奇心是一种奇怪且令人费解的能力。心理学家倾向于把人类的心智划分为理智、情感和驱动力三个部分，因而对好奇心的主流解释只强调了这三部分中的一部分。然而好奇心似乎同时产生于这三个部分，这导致的结果就是，现有的所有关于好奇心的理论都不够令人满意。

20世纪上半叶最主流的理论是把好奇心理解为一种生理上的驱动力，就像饥饿和性欲一样。只是它不是通过食物和性行为来满足，而是通过信息来满足。该理论认为，我们会投入时间和精力来获得食物或完成性行为，同样我们也会做类似的努力来获取信息，因为人类需要知识来生存和发展。所以在三大驱动力之外，第四驱动力就萌发出来了。这个理论可以一直追溯到西格蒙德·弗洛伊德那里，他曾特别强调知识性的好奇衍生于性欲的驱动。

---

① 这一过程会一直持续到成年初期，因为掌握和支配着我们注意力的前额叶皮质在我们20岁之后才能成型。前额叶皮质是大脑的组成部分，位于额头之后。未发育成熟的前额叶皮质有时候会引起过剩的好奇心，这就可能引发一些未成年人的危险行为。当然，这和调皮捣蛋是有区别的。

这种说法在直觉上是讲得通的，因为我们经常说某个人被好奇心驱使，或是某个人很有学习知识的欲望。当我们被好奇心牢牢抓住时，并非与性欲毫无关系，事实上这两者的交叉点就是窥阴癖。这个理论的不足之处在于，它并没有对人们感兴趣的知识进行不同类型的划分，比如是感官上的还是知识性的，有用的还是没用的。想要深入了解玛雅文明里的宗教礼节的愿望，真的就和想看瑞恩·高斯林（Ryan Gosling）脱掉衣服是什么样子的欲望是一样的吗？如此归类所导致的另一个问题是，好奇心与其他驱动力比起来有着不同的行为表现。例如，我刚吃完一顿大餐，可能在很长一段时间内都不再会想吃东西；可是若读完一篇主题非常令我着迷的文章后，我会立刻想要读更多相关的内容。正是这种永不满足的心态使得好奇心如此让人欣喜。

伟大的发展心理学家让·皮亚杰认为，好奇心更多的是一种认知行为，它源于我们内心想要理解这个世界的心智需求。他提出，当一个人感知到了期望与现实的不一致时，好奇心就会被激发出来。这种不一致是指他以为他自己所知道的信息和眼前所看见的信息之间的出入。皮亚杰说这样的理论能帮助我们理解为什么小孩总是容易好奇和惊讶——他们知道的是一些非常简单的关于世界是如何运转的理论，然而他们每天遇到的好多事物却都不符合这些理论，所以他们总是表现出惊讶，并渴望得到解释。

在图3—1中，根据皮亚杰的理论，若以我们对事物惊讶的程度为X轴，好奇心的发展会呈一个反向U型曲线。

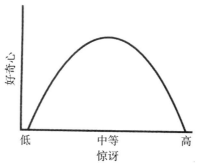

图3—1 好奇心与我们对事物惊讶程度的关系

从该曲线可以看出，当现实有悖于预期的程度既不微弱也不极度强烈时，好奇心可以达到最高值。若程度微弱，我们很容易就将好奇心忽视了；若程度过大，我们则很有可能拒绝承认现实，因为它传递出一些令我们不敢接受的结论。然而，这种不一致理论并不能解释为什么我会试着偷听隔壁桌的谈话，或者为什么你会一直想尽可能多地了解克里米亚战争。

来自卡内基梅隆大学的心理学家及行为经济学家乔治·罗文斯坦（George Loewenstein）在 1994 年将以上提到的本能论与认知论两种认识方法结合了起来。罗文斯坦认为，好奇是对信息缺口（information gap）所作出的一种反应。当那些我们已经知道的事情和那些我们想要知道的事情拉开了一定的距离时，好奇就由此产生了。不仅是因为不一致性的出现，还有信息的缺失也唤起了我们想要去了解的愿望。信息缺口经常以问题的形式表现出来，比如盒子里面是什么？为什么那个人在哭？是否有哪个四个字母的单词能表达"受难"的意思？你掌握了一些不完整的信息——一个盒子、一个正在哭的人、一条填字游戏的线索，并希望能找出缺失的部分。罗文斯坦的理论看似过于简单，却道出了一些非常值得深思的想法。为了能完全理解他的理论，我们需要先来了解一下对这一好奇心的理论影响最深远的一位思想家——丹尼尔·伯莱因（Daniel Berlyne）。

| 好奇因理解而产生，又可被未知激发 |

丹尼尔·伯莱因 1924 年出生于英国曼彻斯特附近的索尔福德市，曾就读于剑桥大学。在其职业生涯的大部分时间里，他都在北美和欧洲大陆从事心理学研究，他还曾与让·皮亚杰在日内瓦共事一年。伯莱因很好奇为什么人们会对一些事物感兴趣，尤其好奇为什么人们会被"奇怪的、反常的、让人迷惑的"事物所吸引。1954 年，他在阿伯丁大学工作期间发表了一篇文章，首次开创性地提出了消遣性好奇和认识性好奇的区别。

伯莱因的个人经历就很好地诠释了这两种好奇。他热衷于探索所带来的激动体验，无论是生理上的还是精神上的。成年后，他从英国搬到了苏格兰，之后又先后搬去了美国加州、瑞士、法国巴黎及加拿大多伦多。他所研究的课题大多都是他的同事们几乎从未涉及的领域，比如有关艺术欣赏的心理学或有关幽默的心理学。同时，他也富有持久的钻研精神，无论是对弗洛伊德和巴甫洛夫，还是对亚里士多德和米开朗基罗，他都进行了很深入的研究。他能流利地说六门语言，并且热衷于收集书籍、画作、笑话以及乘坐地铁旅行的经历（他的人生目标之一就是要搭乘世界上所有的地铁）。

伯莱因曾经在他的实验中让被试观看几何形状，比如多边形。不同的形状及样式有着不同的复杂程度。伯莱因发现，若摆在被试面前的几何图形非常简单，他们几乎都不会去瞥一眼。他们更愿意花时间去观察一些复杂一点的形状。若样式极为复杂，他们同样也不会花时间去观察。

这个简单的实验揭示了好奇心一个深刻的本质，我们不妨借用第一次告诉我这些实验的哥伦比亚大学认知心理学家珍妮特·梅特卡夫（Janet Metcalfe）的描述——"美妙而鼓舞人心"。伯莱因指出了好奇心一个自相矛盾的特征——它既可因理解而产生，又可被未知所激发。这对我们研究学习动力的理论有着重要启示。

> 好奇心有一个自相矛盾的特征——它既可因理解而产生，又可被未知所激发。

如图3—2所示，罗文斯坦的信息缺口理论源于伯莱因的相关见解。他认为，信息通过让人们意识到自己的无知来刺激他们好奇心，从而提升想要学习的渴望。一旦我们掌握了某个事物的一些信息，就会因意识到还有未知部分的存在而感到不痛快，在这种情况下，我们就会想要填补这个缺口。威廉·詹姆斯（William James）在罗文斯坦之前就提出过"科学性好奇"（scientific curiosity，与我们现在提到的认识性好奇很类似）产生于"某种知识上的缺口，就像有乐感的人会对不和谐音有反应一样"。这里想要强调的关键点是，不能简单地认为是无知使我们变得好奇，而应是对已有信息的缺口让我们产生了好奇心。

图 3—2　信息缺口理论

　　好奇经常被理解为我们在什么都不知道的时候产生的一种感觉，但这忽略了已有知识所起到的刺激作用。人们往往不会对自己完全不了解的事物感到好奇。德国哲学家路德维希·费尔巴哈（Ludwig Feuerbach）曾说过："人们只想知道他们能够理解的东西。除此之外的东西对他们来说都没有存在的意义，所以也就没有动力或意愿去了解。"在《追忆似水年华：在斯万家那边》（*Swann's Way*）一书中，马塞尔·普鲁斯特（Marcel Proust）是这样描述主人公的："他甚至没有给我们一点提示，哪怕是那种让我们能够想象出有哪些事物是不知道的、从而激发我们获取知识的渴望的微小提示都没有。"

　　当我们对某个对象一无所知的时候，就很难对其投入精力。这大概是因为我们想象不出它有什么吸引之处，或者觉得它尺度太大，抑或太过复杂，从而让我们预想到了解它的过程势必会让自己产生挫败感，因此望而生畏。相反，若我们对某个对象已经非常了解并自信可以很好地掌控它，那我们多半也不会有兴趣再去深入挖掘。在以上两种情况之间的区域就是学习的最佳切入点，它被学习行为专家称为"最近发展区"（zone of proximal learning）。如图 3—3 所示，为了更简单直观，我将它称之为好奇区。好奇区紧挨着已知领域，又未及你认为了解过多的区域。它可以通过另一个反向 U 型曲线来表现。

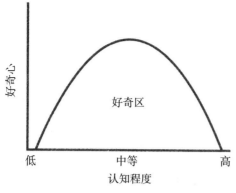

图 3—3　好奇心与认知程度的关系

以这种方式来理解好奇心，可以帮助我们区分那些的确不好奇的人和那些只是因为缺乏最基本的相关知识而表现得不好奇的人。比如我想跟你谈论歌剧，如果你对此一窍不通或者你认为自己知道与歌剧相关的所有知识，那你很可能就没有兴趣跟我讨论。然而，这并不代表你是一个没有好奇心的人。假如你对足球有所了解，一旦我提到一些与曼联有关的趣闻，你有可能马上就会表现出非常好奇。那些被视为不好奇的孩子或成年人可能只是源于另一个原因——对某一事物的基本信息暂时缺乏了解。

除非你已经处于好奇区，否则你很难对任何事物产生兴趣。罗文斯坦解释说这是他的理论最重要的含义所在。"我不相信有些人真的很有好奇心，而有些人则完全没有好奇心的说法，"他说，"的确，个体存在差异。但是真正关键的是，当你面对新信息时的反应，而其中最重要的因素就是知识背景。"[①]

我们对于某事物了解得越多，对于其未知部分的好奇心就越强烈。伯莱因发现，当他给人们列出一系列关于动物的问题，并让他们评估出自己对于答案的好奇程度时，人们会对自己已经有所了解的动物最感兴趣。罗文斯坦曾指出，

---

① 这也是研究者们发现好奇很难去衡量的原因之一。当给被试呈现他们可能感到好奇也可能并不好奇的物体或话题时，你如何去考量他们在这之前的兴趣所在呢？你是在测量他们好奇的整体程度，还是仅仅测量他们对某个具体事物的好奇程度呢？

如果一个人知道美国 50 个州中的 3 个州的首府在哪里，那他可能就认为自己已经对其有所了解（我知道 3 个州的首府）。但若某个人熟知 47 个州首府的名字，那他对自己的认定就有可能是"有 3 个州的首府在哪里我并不知道"。所以，后者最有可能想去了解那 3 个首府在哪里，并努力去得到答案。可见好奇心的提升同知识的摄入是同步的。

我们会去思考未知信息是否能给自己带来顿悟，以调整好奇心的强烈程度。毕竟，不是所有的信息都是同等重要的——新信息有时候只是对已有信息的一点补充，而有时候则可能改变全局。罗文斯坦曾讲述过这样一个研究实验：被试被要求坐在一个电脑屏幕前面。屏幕被划分为了 45 个空白的正方形，点击每个正方形就会显示出一幅隐藏的图片。在一个对照组里，不同的方块里有不同的动物图片；而在另一个对照组里，每个方块则有某个动物身体的一部分，合起来是一张完整的动物图片平铺在整个屏幕上。第一个对照组的被试们在意识到每个方块后藏着一种动物之后就开始觉得无趣，而第二个对照组的被试们更有可能去一一点击那些方块，因为他们想要完成这幅拼图。[①]

| 过分自信与妄自菲薄 |

为了能够感受到好奇，或者说感受到想要填补信息缺口的渴望，你首先需要意识到自己知识结构上的缺口所在。可是问题就在于，我们大部分人在大部分时间里，无论走到哪儿都觉得自己什么都知道。心理学家已经证明了我们在生活中的很多方面都存在过分自信效应（overconfidence effects）。例如，大部分人都认为自己无论是开车、教育小孩还是处理恋爱关系等都优于平均水平。我们在认识自

[①] 在读到这个实验时，我想起自己单身时上交友网站的日子。如果一个人的个人资料里没有真人照片而只有一些粗略的自我介绍，我多半不会想去联系。同样，对于那些上传了很多不同着装的照片，并且详细说出自己的爱好、愿望和理想的人，我很可能也会跳过。只有那些个人资料提供得恰到好处的人才可以激起我的好奇心，比如那些有一张在光影下半遮半掩的脸部照片，并写有一段风趣但又精炼的自我介绍的用户。

己的知识水平时也有同样的想法，这就使我们不善于找到自己的缺口在哪里，从而就容易变得不够好奇。

美国俄克拉荷马大学的研究者们曾在 1987 年做过一个实验。他们给一群学生罗列出一系列需要解决的问题，并要求学生们提出尽可能多的解决方案。研究者对为学生们所提供的每个问题的信息量都进行了仔细斟酌。有一个问题是：如何在大学校园可用空间有限的情况下，提供足够多的停车位。学生们想出了 7 种不同方向的共计大约 300 个解决方案，包括降低停车位的需求量（通过提高停车费）或者更高效地利用空间（只允许停小型汽车）等。

等学生们回答完所有的问题后，研究者让他们来估计他们想出的解决方案在可行方案中所占的比例。与此同时，有一个单独的专家小组被邀请收集整理了一个可行方案的资料库。学生们自然觉得他们很努力地去思考了这个问题，所以猜想自己已经给出了 3/4 可行的解决方案。然而，当研究者把学生们的答案跟资料库中的方案进行比对时才发现，每个参与者平均只提出了 1/3 左右的最佳方案。也就是说，大部分好办法是未曾被他们想到的。我们可以把这理解为"无知而快乐"效应（ignorant but happy effect）——当人们很自信他们知道答案时，就会变得高枕无忧，不再对是否存在其他可能的答案感到好奇。

罗文斯坦指出，这种效应可以帮助我们理解人们在日常生活中的惰性假定的现象。比如我们会理所当然地认为别人都是墨守成规的。我可能会假定此刻为我开车的这位出租车司机能谈论的话题不外乎天气和体育，然而如果我稍微好奇一些，就可能发现他还有一个社会学博士学位。很多偏见的产生都可以解释为缺乏对自己信息缺口的感知。假定自己已经知道了所有需要知道的东西，当然能使人生过得容易很多。心理学家、诺贝尔奖获得者丹尼尔·卡内曼（Daniel Kahneman）如此说道："我们常从'世界是合理的'这一信念中获得少许宽慰，这一信念建立在一个牢固的基础之上：我们总是可以无限制地忽略自己对世界的无知。"

如果过分自信会削弱好奇心，妄自菲薄亦如此。心理学家托德·卡什丹

（Todd Kashdan）曾说："焦虑和好奇是两个反向的系统。"恐惧会杀死好奇心。那些在极度不稳定的环境下（无论是在生理上还是精神上）长大的孩子，通常在学校里都表现得没有好奇心，那是因为他们没有精力关注生存以外的事情。他们需要去关注谁跟自己有相同的立场，而谁在对立面上，如何避免他们所依靠的成年人因失职而可能给自己带来的最坏情况。这一切就占据了他们大部分的认知资源，他们几乎不会再有多余的精力去进行娱乐性的探索。

过分自信和妄自菲薄之间的动态平衡在成年人的世界中同样适用。以企业经营为例，若某个公司里的员工整天都担心自己会失业，那公司内部多半不会有有利于好奇性思考的氛围。同样地，若某个公司里的员工感觉非常安逸并清楚自己肯定能拿到奖金，那他们的好奇心也会逐渐衰弱。好奇心需要一种不确定性来激发，但若过于不确定又会被禁锢。所以，我们可以得出最后一个反向U型曲线，如图3—4所示。

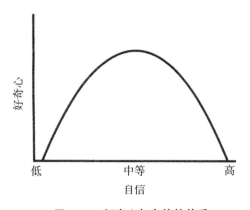

图3—4 好奇心与自信的关系

好奇心被称为"知识情感"（the knowledge emotion）。对于信息鸿沟，我们要理性地意识到它的存在，在最开始的时候，它更像是一种发痒的感觉，而我们想去抓挠。信息缺口虽然会带来困扰，但我们却主动想要去承受（从这个意义上来说，好奇有些像虐受）。从进化学的角度来看，情感最首要的作用是激励——愤怒让我们采取行动来扭转一个不好的局面或者纠正一个错误；爱让我们在对某个人失望的同时，仍然可以不离不弃。好奇的情感力量推动着我们不断探索知识，哪怕并没有什么迫切的需求，它也让我们保持着热爱探寻的态度，哪怕我们对此感到厌烦或者困惑。一个有好奇心的人清楚地知道若他不能找到想要获得的信息或者解释，那他是不会觉得满足的。因此他会一直学习和提问，直到这个缺口被填补上。

这并不意味着有好奇心的人就从来不会感到满足。哲学家穆勒小时候痛苦地被他专横的父亲强行灌输了大量的知识（3 岁就被要求学习古希腊语），但他长大后仍然可以在自己掌控的知识探索中发现乐趣。他曾说："宁愿做一个不满足的人，也不要做一只满足的猪；宁愿成为不满足的苏格拉底，也不要成为一个满足的傻子。"好奇正是不满足最美妙的形式。

如果你认为好奇心很复杂并且难以捉摸，那是因为我们人类本来就很复杂。以下是达·芬奇对他所探索的一个洞穴的描述：

> 我来到一个大洞穴的入口并停留了一段时间，感叹的同时也想不出来这到底是什么。于是我弯下腰，弓着背，将左手撑在膝盖上，右手举过皱起的眉头往里看。通常，我会试着弯下身子变换不同的角度来看是否能发现里面有什么，可是洞穴里太黑，什么也看不清。当我在那里待了一阵后，心中不由升起两股自相矛盾的情绪：害怕和渴望——既害怕眼前这个可怕的黑暗洞穴，又渴望去探索里面是否有奇妙事物的存在。

这正是作为人类所要去面对的。我们一生都站在一个洞穴入口前，徘徊于熟悉事物所带来的安全感与新奇事物带来的向往感之间，徘徊于家中的平静与外出旅行的兴奋之间，徘徊于主和弦与属和弦之间。刚学会走路的小孩在公园里会四处探险，然后跑回父母身边，接着又跑出去继续他们的探险。从古希腊史诗《奥德赛》到小说《搜索者》（*The Searchers*），再到《哈利·波特》，它们都围绕着人类的两种相冲突的本能在展开情节——是外出打拼还是安静地待在家。

我们一生都站在一个洞穴入口前，徘徊于熟悉事物所带来的安全感与新奇事物带来的向往感之间，徘徊于身处家中的平静与外出旅行的兴奋之间，徘徊于主和弦与属和弦之间。

这又会带来另一个悖论——我们越是喜欢家，就越可能需要走出去。来自约翰霍普金斯大学的心理学家玛丽·爱因斯沃斯（Mary Salter Ainsworth）和西尔维亚·贝尔（Silvia Bell）在 1970 年曾做过一系列关于婴儿的实验。她们要求一个一岁大的婴儿在其母亲的陪同下，带着一些玩具来到一个房间里。然后，她们便要求母亲离开房间，观察这个婴儿会有什么反应。之后再让母亲返回房间，而此时婴儿的反应才正是爱因斯沃斯和贝尔感兴趣的部分。与妈妈有着"安全型依附关系"（secure attachment）的婴儿会开心地迎接妈妈的归来，然后继续在房间里探索和玩玩具。而那些跟妈妈的关系不及以上这种情况理想的婴儿在妈妈回到房间后也会迎接上去，但之后便不大可能会继续玩耍，就好像在害怕如果他们一转身，妈妈就又会不见了一样。发展心理学家苏珊·恩格尔（Susan Engel）在其研究成果总结中曾提到："没有安全感的孩子很少会通过进行生理和心理上的探险来收集信息。"好奇是需要有爱来作保障的。

| 引发好奇的信息缺口 |

信息缺口可以成为有效的诱饵。当你看到一个尚未抓到凶手的谋杀案件报道时，好奇心就会被唤起。引起你注意的信息是：雷切特（Ratchett）先生在奥连特快速路上被刺死了。让你沉浸其中的缺口是：没有人知道谁是凶手。因为你已经知道了一些信息，就会想要去了解更多，就好比读悬疑大师阿加莎·克里斯蒂（Agatha Christie）的小说，能让你感受到一股不断激起好奇心的电流，吸引着你一口气把书看完。

在十多年前，我在纽约生活和工作，有幸参加了一个由编剧导师罗伯特·麦基（Robert Mckee）主讲的研讨会。几乎每位成功或不成功的剧作家都曾经上过麦基的课或读过他的代表作《故事》（Story）。一个脾气焦躁的白发老头连续演讲了两天，几乎没有用到任何的提示稿或道具。尽管他的声音因常年抽烟而变得非常刺耳，但仍然让几百名观众听得如痴如醉。麦基提到如何去区分一部好电影和一部差电影，具体来说，就是去分析故事的基本结构。麦基说，当然，一部电影可以有华丽的特效或者寓意深刻的思想，但只有故事结构完整，它才能算得上优秀。

讲故事依赖于对罗文斯坦所说的信息缺口的巧妙利用。以麦基的话来说："好奇是心智对回答问题和关闭开放格局的需求。故事则通过摆出问题和打开局面这一反向动作来激起好奇这一人们共同的渴望心理。"讲故事的人与观众（或读者或听众）玩着猫和老鼠的游戏，随着剧情的展开不断地打开和关闭信息缺口，一步步地抓住观众的好奇心。麦基认为，电影里的每一幕都应是一个转折点，他说道："每个转折点都会勾起观众的好奇心。他们会去猜想接下来会发生什么以及结局会怎样。"①

"接下来会发生什么？"这是一个神奇的问题，它能把我们钉在椅子上，使我们心跳加速，手心冒汗。阿尔弗雷德·希区柯克就善于用这个神奇问题在观众大脑中制造出让人难受的信息缺口。他能完美地判断出在任何一个场景下，哪些信息应该让读者知道，而哪些信息则应暂时隐藏起来。他仿佛让读者因为好奇而受刑。他有一句这样的格言："应当时时刻刻尽最大努力去折磨你的观众。"由此看来，希区柯克简直是一个操控信息的虐待狂。

你可以去找出任何一部电影的开篇场景，然后分析它所给出的信息和留下的缺口。以电影《公民凯恩》（*Citizen Kane*）为例，电影一开场，我们就看到一位百万富翁级别的报业大亨死了，并在临死前说了一个词"玫瑰花蕾"。于是我们就会开始猜想"玫瑰花蕾"是指什么？为什么它如此重要？这些问题会一直持续到电影结束。有时候，信息缺口就是故事的全部意义所在，比如谋杀悬疑类的小说或电影。有时候它是用来产生一个最初的冲击力，从而引出作者想要探讨的更为宽广的主题。阿尔弗雷德·希区柯克把他的信息缺口称为"麦加芬"（McGuffins）——一个可以推动情节发展的简单元素。

---

① "结局会怎样"是一个如此有吸引力的问题，以至于哪怕你并不喜欢某部电影也会一直盯着屏幕看下去。它也使得我们坚持看完一部二流小说或一场粗制滥造的肥皂歌剧表演。我们似乎天生就对事物会如何收场感到好奇，尽管这些事物我们并不在乎。

　　无论是以哪种媒体为介质，最会讲故事的人都能精妙地设计电影旁白，这相当于设计师所说的"负空间"（negative space）——在可视部分之间的空间。乔治·奥威尔在他的小说《一九八四》（*Nineteen Eighty-Four*）的开篇，非常精确地刻画出一个信息缺口："这是四月里明亮而寒冷的一天，时钟敲响了第十三下。"于是你想要继续读下去，看看为什么小说里的时钟跟现实生活中的不一样。某些故事会在结尾处刻意留下一个未解决的信息缺口。就像电影《迷失东京》（*Lost in Translation*），我们谁也不知道最后比尔·穆瑞（Bill Murray）在斯嘉丽·约翰逊（Scarlett Johansson）耳边说了什么。肉卷（Meat Loaf）[①]不会为爱做的又是什么？

　　不仅艺术家会如此利用信息缺口，广告策划者也喜欢如法炮制来进行前期宣传，以一则不知所云的广告来唤起消费者的好奇心，之后才引入主要的宣传作品来揭晓该广告到底想要表达什么。一个有经验的演讲者通常会在一开始向听众抛出一个问题，然后提出几种可能性，最后才揭晓问题的完整答案。而此刻，听众会更容易相信最后这个答案是最正确的，因为听众在填补信息缺口过程中有了情绪上的满足感。还有一些人善于利用信息缺口与人交谈。他们可能会在讨论时一带而过地提及曾经遇见过菲德尔·卡斯特罗（Fidel Castro）来吸引你的注意，因为他们知道在将缺口填补完整之前，你的胃口会一直被吊着。

　　你可能会认为这类小伎俩更多的是让你觉得厌烦而不是感兴趣。你也会质疑是否阿加莎·克里斯蒂就代表了讲故事的最高境界，或者是否一个故事以及由故事所唤起的好奇能够触及更深层次的意义。在一定程度上，如果一位作者的作品能够使你有想要一直读下去的感觉或者持续去关注该作家的作品，其实那些故事叙述上的小伎俩或前期宣传所引起的刺激就显得无关紧要了。但是我要说的是，你的烦恼非常重要，因为它表明存在一个缺口，即罗文斯坦理论中

---

① 肉卷是美国知名男歌手。他有一首歌名为《我会为爱做一切的事情（除了那个）》。歌词中不停重复："我会为爱一切的事情，哦，但是那个除外。"自始至终没有解释"那个"是什么。——译者注

所说的信息缺口。好奇不仅仅是想要去搜寻缺失的信息。

| 谜题与奥秘的区别 |

罗文斯坦对好奇心的定义很强大，但如果我们稍作修改就会更有用处。罗文斯坦认为好奇的目的是为了寻找答案，以减轻我们因信息缺口的存在而产生的的挫败感。然而，当我们面对某个知识领域，比如神经系统科学或语言学时，我们肯定会感到需要花很多时间和精力去研究它，因为我们知道在这个领域里永远都有学不完的知识。然而，这种感觉并非不舒服，或者以心理学家的话来说我们并不反感。这种感觉非常确定，就好比你在求婚时心里（应该有）的自信。这与当你试图完成填字游戏最后一个空缺时的感觉非常不同。那这是哪一类好奇呢？

安全和情报专家格雷戈里·特雷弗顿（Gregory Treverton）曾经对谜题和奥秘作出了一个很有用的区分。谜题有确切的答案。当你试图完成一个填字游戏时，你很清楚需要一个怎样的答案，尽管你可能尚且不知道具体答案是什么。有时候尽管你不知道答案，但至少你知道问题，并且知道每一个相应的答案都是存在的。谜题是有序的，它们有起点，也有终点。一旦缺失的信息被找到，它就不存在了。于是，你在寻找答案过程中体会到的挫败感将消失不见，取而代之的是满足感。

奥秘很模糊，不及谜题直观。奥秘往往没有明确的答案，因为这牵涉一系列高度复杂且相互关联的因素，有已知的，也有未知的。它们往往包含一些因人而异的观念，比如公众舆论或人类心理学。通过收集相关信息并识别出最重要的影响因素，可以在一定程度上解决那些问题，但并不会给你带来找到确切答案的满足感。问题并不在于或并不需要有一个信息缺口（事实上，有时候问题就在于堆积了太多的信息），而是在于分辨出哪些信息是重要的，哪些不重要，以及如何去解释已掌握的信息。

谜题往往是关于"多少"或"在哪里"的问题，而奥秘更可能是有关"为什么"和"怎么样"。特雷弗顿曾写道，在冷战期间，美国的间谍和分析人员的主要任务就是解决谜题：苏联拥有多少导弹？它们分布在什么地方？它们的航行速度是多少？随着苏联的解体以及国际恐怖主义的产生，他们的首要任务变成了找出最重要的奥秘。①

我们倾向于先去解开谜题而不是奥秘，因为我们知道谜题是可以被解决的。"奥萨马·本·拉登在哪里"这个问题是一个谜题，而且当这个谜题被解开时，还出现了盛大的庆祝活动。"如何能最好地打击伊斯兰国恐怖分子"这个问题是一个奥秘，并且较前一问题更加重要，但却无法吸引公众和媒体的注意，因为它太复杂，看上去很棘手。特雷弗顿曾提出，美国情报人员如果不把萨达姆时期的伊拉克问题当作一个谜题（伊拉克拥有大规模杀伤性武器吗？）来解决而是当作一个奥秘（萨达姆在想什么？）的话，他们可能早就已经洞察到萨达姆之前是在吹嘘一些他其实并没有的武器。

对于这个区别的应用远不局限于国土安全领域。谜题和奥秘与不同类型的好奇相对应。为了更清楚地说明这一点，让我们回到故事叙述的问题上来。阿加莎·克里斯蒂构造出一系列谜题，然后将一则关键信息——即凶手的身份——隐藏在谜题之中直到结尾。从这个意义上来说，"谋杀的奥秘"（murder mystery）这一表达是不准确的。读者对于想要找出谁是凶手的渴望只是暂时的，一旦他们知道是巴克上校用士的宁②来进行的谋杀，便立刻会获得发现真相的愉悦感，但与此同时，好奇心也随之消失了。

类似电影《了不起的盖茨比》（The Great Gatsby）所唤起的好奇心又是另外一种不同的形式。它会更加深入且持久。它会让你思考一些没有明确答案的问题，比如杰伊·盖茨比是个怎样的人？那道绿光有什么用意？美国梦真正的本

---

① 心理学家所说的"特定性好奇"是指想要找到某种特定信息的渴望，比如一块拼图。谜题与奥秘的关系大致与特定性好奇与认识性好奇的关系相同。
② 马钱子中提取的一种生物碱，临床用于治疗轻瘫或弱视。过量服用会让人中毒。——译者注

质是什么？读者或观众会一遍又一遍地回味这些故事和问题，一直心怀好奇而不会腻烦。弗朗西斯·斯科特·菲茨杰拉德（F. Scott Fitzgerald）写的小说不如阿加莎·克里斯蒂的畅销，但却能为读者带来更深层次的满足感。

若要在奥秘与谜题之间选择，真正雄心勃勃的艺术家会对前者更感兴趣。电视系列剧《火线》（*The Wire*）采用传统的警匪片形式，每周解决一个犯罪谜题。它的成功之处就在于，在这样的题材形式下将所有的谜题转变成一种奥秘——巴尔的摩市犯罪问题的奥秘（通过这样的做法旨在表明，警察和政客喜欢把城市犯罪问题视为一个有着确切答案的谜题，提出的解决方案往往是——逮捕所有的吸毒者、延长刑期等，而事实上这些问题更类似于一个奥秘，它们有很多层次、可转移且很微妙）。

在此之前，我提到过"玫瑰花蕾"在电影《公民凯恩》里的作用。它出现在一开始，便产生了一个信息缺口，因为它似乎是我们去理解凯恩一生的关键因素。在结尾处，我们知道了玫瑰花蕾是指凯恩小时候拥有的一个雪橇，于是这个缺口被填补上，然而我们却因此感到失望，那是因为关于这一点，电影中似乎没有做任何解释。奥逊·威尔斯（Orson Welles）当然清楚他自己在做什么。他在挑战一般故事叙述的惯例做法，即依靠谜题来操控读者或观众的注意力。威尔斯想要表明，一个人的内心生活是一个奥秘而不是一个谜题，人生的意义是一个无法简单回答的问题。

文学家斯蒂芬·格林布拉特（Stephen Greenblatt）在他的著作《俗世威尔》（*Will in the World*）中指出了威廉·莎士比亚艺术生涯中的一个转折点。在 16 世纪 90 年代中期之前，莎士比亚的戏剧都是改编自一些传统故事，借鉴传说和历史记录来描绘情节，不会对故事线做过多的调整。但是从某一个时期起，他开始从原先故事的结构中拿掉一些很关键的内容，这使得他的观众很难理解剧中的人物为什么要这样做。就好像他失去了对这个世界的可理解性的信念，并且想要在他的戏剧中反映出来一样。格林布拉特认为，这个转折点与莎士比亚深爱的儿子哈姆内特（Hamnet）之死有关，以他的话来说，转折后的写作方式

"原则上不是要编造谜语，而是策略性地达成一种模糊感"。

在莎士比亚创作的众多戏剧中，《哈姆雷特》被视为最伟大的作品。它改编于古代斯堪的纳维亚的一个传说。莎士比亚借鉴了这个古老的故事，并在情节上作出了一个重大的调整。在传说里，大家都知道王子阿姆莱斯（Amleth）的父亲被后来继位的国王所杀害，所以他理所当然地会为父报仇。但他还很年幼，需要等待时机，于是他便装疯卖傻以躲过国王亲信的注意，暗地里却在为复仇做准备。而在莎士比亚的版本中，这个王子已经长大成人，而且谁也不知道凶手到底是谁，只有他父亲的鬼魂告诉他是谁杀了他。于是，哈姆雷特王子装疯卖傻的行为以及延后复仇的行为就显得完全没有必要而且很难理解或解释。但其结果是，莎士比亚笔下的哈姆雷特在几百年之后的今天仍让我们为之着迷，相比之下，阿姆莱斯却被遗忘了，尽管他的人物原型应该更容易被理解。事实上，大概正是因为他更容易被理解才逐渐被人淡忘。奥秘比起谜题有着更长的半衰期。

伟大的科学家和发明者也是用奥秘而非谜题的思维来考虑问题的。他们会对不确定的东西更感兴趣。物理学家弗里曼·戴森（Freeman Dyson）曾评述道："科学不是对于真相的收集，而是对奥秘的持续性的探索。"美国发明家及音频研究先驱者雷·杜比（Ray Dolby）曾生动地表示这项原则对创新同样适用："作为一个发明者，你必须乐于承受一种不确定感；乐于在黑暗中摸索，寻找答案；乐于忍耐对于答案是否存在的焦虑。"阿尔伯特·爱因斯坦也认可这种态度，他曾说："我们能经历的最美好的事情就是奥秘。它是所有真正的艺术和科学的来源。"①

---

① 就算是玩具也可被分为谜题和奥秘两类。魔方发明者厄尔诺·鲁比克（Erno Rubik）在2012年接受CNN采访时，回想了他这一发明的成功之处，特别是使用者在恢复了魔方后仍被其吸引的原因在于："魔方跟拼图不一样。你拿到一幅拼图后开始研究它，并花上一定时间去完成拼接，最后成功了，这个过程就结束了。但是，如果你找到恢复魔方的一种方案，不代表你就了解了它的全部。这只是一个开始。你可以继续研究并发现其他有趣的东西，比如你可以改进你的解决方案，使耗时更短。你能够不断地深入，从而积累知识和很多其他的技能。"这完美地道出了谜题和奥秘的区别。

在我们的文化里，人们更热衷于谜题，而不是奥秘。在学校甚至大学里，科学被呈现为一系列有着精确答案的问题，而不是像戴森所追求的那种艰苦的、持久的对未知世界的探索。政治家喜欢把教育政策当作一个谜题来思考，目标是将投入（教育）与产出（就业）相匹配。事实上，他们仿佛把所有的社会复杂问题都视为有着简单答案的谜题，媒体喜欢把人生转化成一系列可以被简单解决的谜题，比如通过看电视节目或者买一本书、一个产品（你正为 X 烦恼吗？那你需要 Y）。商界人士也喜欢把他们的问题想成谜题，因为谜题和相应的解答更容易在汇报文件里以罗列要点的形式被清晰地表达出来，且更容易被衡量。谷歌会带给我们一种任何问题都有确切答案的幻觉。

我们需要抵抗这种来自文化的压力。谜题能给我们带来回答问题的满足感，尽管有时候你甚至完全没有抓住要点。一个仅仅按照谜题的方式来思考的社会或组织，往往会过于关注它所设定的目标，而不会考虑那些暂时还看不见的可能性。一个把人生中遇到的所有问题都想成谜题的人，当他遇到一些无法简单回答的问题时会感到困惑和失意（无论心灵大师跟他说什么）。奥秘虽具有更大的挑战性，但却能更持久。它使我们一直专注于未知的东西，从而激发长久的好奇。它会一直带给我们一种"清醒并且活跃"的感觉，就算是在黑暗中摸索的时候。

> 奥秘虽具有更大的挑战性，但却能更持久。它使我们一直专注于未知的东西，从而激发长久的好奇。它会一直带给我们一种"清醒并且活跃"的感觉，就算是在黑暗中摸索的时候。

| 网络对好奇心的挤压 |

杰克三年级的期末作业是研究水蟒。经过三个小时的网上搜索，他完成了一篇非常详尽的报告，涵盖了很多与这类蟒蛇相关的事实信息，比如它的习性（半水生）、猎物（包括山羊和小马）及体型（巨大）。

杰克对自己的报告很满意，在给老师看过之后，还带回家让父亲阅读。"水蟒是世界上最大的蛇。"他告诉父亲。于是父亲回问了一个问题："那世界上第二大的蛇是什么呢？"杰克轻轻地皱了皱眉头，然后转身回到他的卧室开始敲击电脑键盘。不到一分钟，他就回到父亲面前说出了他的答案。

父子俩这段简短的交谈并没有什么特殊之处，类似的版本每天在全世界的家庭中发生无数次。任何一个有网络的家庭都能通过谷歌和维基百科找到问题的答案。我们之所以知道杰克的这个小故事，是因为他的父亲是作家本·格林曼（Ben Greenman），他将这个故事写出来并发表在《纽约时报》上。格林曼写到，他认为那段对话表现了他儿子获取知识的方法与他小时候时的不同。

在跟儿子进行有关水蟒的对话之后一个月，格林曼拿起一部老的大百科全书的"S"卷，并翻到了有关蛇的那一页。他读到一些他知道的信息，比如蛇是爬行动物；也读到一些他不知道的，比如大部分的蛇只有一片肺叶起作用。百科全书上并没有记录哪一类蛇的体型是世界上第二大的。他很仔细地阅读，始终没有找到关于"第二大"的字眼，而且书本也没有自动搜索的功能。

格林曼回想，如果他小时候被问起这样的问题，他会先去查阅家里的百科全书，搜索无果之后，他还可能会兴致勃勃地跑去图书馆，借回一本有关蛇的书。然而，更有可能的是，他就此淡忘，继续过着他三年级之后四年级的生活，只是隐约能在心底感受到一股由那个未解之谜带来的痒痒劲儿。

格林曼认为，网络这种能瞬间消除痒劲儿的能力肯定是有利有弊的。他说道：

> 通过网络找到问题的答案是如此地高效，以至于它扼杀了更有价值的东西：富有成效的挫折感（productive frustration）。至少在我的印象里，教育的首要目标不是或不仅仅是让学生熟练应用信息，而是应当给他们提很多问题并且不急于给出答案，让他们在寻找答案的过程中对此产生真正的兴趣。

格林曼雄辩地表述了这样一个事实：网络能有效地填补信息缺口，但同时也挤压了好奇心。现代人越来越普遍地把奥秘简化为谜题，再把谜题变为能马上找到答案的问题。我们的孩子已经习惯以确定的答案回答那些哪怕最不确定的问题，比如"美是什么"。我们还没来得及开启认知反应，网络已经帮我们把谜题都解答完毕了。其导致的结果就是，我们任由大脑的认知能力逐渐衰退。

> 网络能有效地填补信息缺口，但同时也挤压了好奇心。

我们曾领教过那些善于讲故事的人是如何有技巧地隐藏一些信息，从而通过在读者或观者的脑子里植入一些问题来唤起好奇心。如果有人提前说出了你最爱的电视连续剧的结局，你就会很生气，因为他破坏了能带给你愉悦的对于未知的挫败感。求知的过程亦是如此。如果答案太容易被获得，那好奇心还来不及扎根就消失了。在格林曼发表了那篇文章之后，谷歌甚至变得更加有效率。在其搜索结果的页面上，已经可以直接显示出问题的答案，用户都不必点开其他网站去查看。

> 我们还没来得及开启认知反应，网络已经帮我们把谜题都解答完毕了。其导致的结果就是，我们任由大脑的认知能力逐渐衰退。

一部由谷歌发表的悬疑小说大概会在第一页甚至更前面就告诉你凶手的名字。谷歌简直就是一个大"破坏者"。

曾创作了电视剧《迷失》（*Lost*）并翻拍了电影《星际迷航》的电影及电视制作人 J·艾布拉姆斯（J. J. Abrams）曾在《连线》杂志上发表过一篇文章，文章中，他把当下称为"即刻时代"（age of immediacy）。他对此表达了这样的担忧：

> 很显然，奥秘无处不在。上帝真的存在吗？人死后会怎样？神奇吸水布 ShamWow 是用什么材料做成的？巨石阵怎么解释？大脚怪呢？尼斯湖水怪呢？……这些都是奥秘。然而，为何这些奥秘又让人觉得这个世界已经被完全解构，可以看到里面所有的组成部分呢？为何有如此多的奥秘看似可以被彻底地揭秘呢？如今，我们所有人都能够轻易把对某事物的一种不经意的好奇心转变为知晓的满足感，并且可以即刻实现。想要尝试日本折纸吗？只需要在谷歌上搜索，就能有超过 200 000 条相关结果。想知道毛里塔尼亚的首都在哪里吗？如何做面包

卷？如何挑选自行车锁？你看完这篇文章所花的时间完全足够让你找出以上所有问题的答案。

然而奥秘"需要你停下来并思考，或者至少放慢速度去探索"。艾布拉姆斯说道。

我们发展科技的一大目的就是让生活变得更容易，但这同时也会带来一个损失：我们忽略了藏在困难里面的价值。

困难是这个世界对我们欲望的考验，它的处境同奥秘一样。科技使我们更加容易地建造庇护所、旅行、捕猎、培育、洗碗、加工食物、从地面及空气中获得能量以及进行远程通信。我们发展科技的一大目的就是让生活变得更容易，但这同时也会带来一个损失：我们忽略了藏在困难中的价值。这一原理似乎也适用于我们学习的过程。要理解或记住的东西越困难，我们的大脑就会越活跃，从而来适应新的挑战。

亚伯拉罕·林肯是一位自学成才者，精通文学、历史和法律。然而，他学习的速度却很慢。如果你跟他在一起学习过，你大概想象不出他将来会成为一名律师，更别提总统了。他的一个堂兄曾如此描述对他的印象："有一点呆板，不是一个绝顶聪明的男孩，但是一直都非常勤奋。"林肯曾评论自己说："我学得很慢，但学到的东西忘得也很慢。我的大脑就像一块铁，很难在上面刻下什么，然而一旦刻上了就几乎抹不掉了。"[①] 林肯的名言"学得慢也就忘得慢"事实上就描述了我们大脑吸收信息的普适性真理。在 20 世纪 90 年代初，美国加州大学的一位认知科学家罗伯特·比约克（Robert Bjork）提出了一个有关学习的新见解，改变了心理学家以往的观点。简单来说就是：当我们觉得学习很吃力的时候，反而能够学得更好。

---

① 温斯顿·丘吉尔在学校的表现甚至还不如林肯。他在哈罗公学就读时在班里排名垫底，甚至被强制留级三次。但是他之后回忆说漫长的学习期倒是带给了他一种优势，因为他花了如此长的时间重复着对乏味的英语语法的钻研，以至于学得非常深入且根深蒂固地印在脑子里。他说道："我将英语普通句的基本结构融进了我的骨髓里。而这种普通的语句是非常华美的。"很多年之后，如大家所知，他用这一努力获得的知识改变了历史。

　　我们容易想当然地认为学得很轻松就意味着学得很好。老师会因为他的学生能在一堂课里就掌握了某个概念或技巧而感到满意，当然学生自己也会觉得高兴。可问题是，若学习的过程过于容易，我们可能根本就没有学到什么。一系列由比约克精心设计的实验表明，当人们快速学习时，往往掌握得很肤浅，在日后更容易将其遗忘。同时，人们也不大可能将新获得的信息整合到已有的知识背景中，那也就意味着新知识不具有"迁移性"，不适用于其他问题。

　　在一个实验中，学生被要求阅读一段文字并记住内容。在阅读之前，一个实验组拿到了一份按段落顺序总结的信息提纲，而另一个实验组则拿到了一份打乱顺序的提纲。第一个实验组的被试表面上似乎学得更好，因为他们在回忆文字内容时得到了更高的分数。之后，两个对照组被要求完成一些与那段文字相关但需自主解决问题的任务，这需要对原文有更深层次的理解。而结果与之前正好相反，第二组被试反而表现更佳。虽然他们最初在理解那段文字时有更大的难度，因而回忆起来更困难，但却加深了他们对内容的认识。这表明他们能更好地运用已学知识去解决有创造性的问题。

　　美国普林斯顿大学和印地安那大学的心理学家们发现，当把学习材料的文字打印成难看的、不好辨认的字体时，学生能更好地记住材料内容。[①]荷兰阿姆斯特丹大学的科学家们做了一个实验，让被试完成一组易位构词游戏[②]，同时在一旁念出一串随机数字来干扰他们的注意力。控制组的被试完成同样的任务但是不受打扰。结果显示，前者表现出更高的认知灵活性：他们更可能做出跳跃性的联想和不常见的连接。研究者们还发现，当人们被迫面对意料之外的障碍时，他们会扩大"感知范围"（perceptual scope）来作出反应，"退后"一步让大脑注意到更完整的图景，就好比当你发现上班的路被一个建设工地堵住的时候，你需要在脑子里想出城市的地图，从而找出另一条路线。

---

① 出自论文 *Fortune Favors the Bold（ and the Italicized）: Effects of Disfluency on Educational Outcomes*，第一作者为 Connor Diemand-Yauman。

② 一种把给定的字母组合成单词的游戏。——译者注

罗伯特·比约克首创"有益的难度"（desirable difficulties）一词，用于描述"当我们感到学习吃力时反而能学得更好"这一有违直觉的观点。他的这项研究涉及教育方面的思考。比如，他建议将每个教学单元的间隔拉长一些，这样学生需要更努力地回忆他们上一堂课学到了什么。当人类处理信息时（可通俗地理解为学习），困难是有益的，因为我们的大脑会被迫更努力地解码和整合输入的信息。这促使我们思考，并且思考得越

> 当人类处理信息时（可通俗地理解为学习），困难是有益的，因为我们的大脑会被迫更努力地解码和整合输入的信息。

艰难，就越能更好地记住。这一原理适用于任何我们想要改进的方面。技能来源于奋斗。

比起上谷歌网站进行搜索，查阅书籍或是咨询专家可能要困难一些、耗费更多的时间，也更容易失望。但正因如此，我们才能学得更多、更深入。维基百科绝对是一个辅助学习的强有力的工具，但前提是必须使用得当。如果你需要研究某个主题，比如中世纪的教堂建筑或扫描仪的发明，可以通过维基百科来获得一个概述或是通过它链接到其他相关资源。这是你在运用认识性好奇。但是如果你完全将维基百科作为简单答案的来源，那你就降低了自己的学习能力。

与此同时，你可能还会对那些不能被简单回答的问题失去兴趣。"搜索"在从前是指发起一场艰辛的探寻之旅。一个问题的出现往往引发更多的问题。你将面临障碍或者迷失，甚至找不到最初想要探寻的东西，但是在这个过程中你总会有所收获。你的感知范围——或者说大脑里可描绘的"地图"——会随之扩大。然而在当下，搜索让你能够在一个对话框里用键盘或者语音输入一两个词，答案几乎会在瞬间被罗列出来。

谷歌想要更进一步地实现绝对同步。其创始人拉里·佩奇和谢尔盖·布林在 2004 年接受采访时曾表现出了他们的雄心。佩奇说："搜索将被植入人们的大脑。当你想到一些东西但又对其不了解的时候，你会自动获得相关信息。"所有的信息缺口都将被填补上。布林说："最终，我认为谷歌会成为能让你用知识

扩大脑容量的有效途径。"佩奇如此总结他们的观点："我们将有这样一种植入物：你只需想出一个事实，它就能马上告诉你答案。"谷歌势在消除你所有由好奇产生的不适感。

英国《卫报》在 2012 年采访了谷歌搜索部门的负责人阿密特·辛格（Amit Singhal）。在解释谷歌的目标时，他说出了与佩奇和布林很类似的想法："我们极度专注于对用户的研究，以求减少每一个在他们的想法和想要找到的信息之间可能存在的摩擦点。"辛格对这一使命的热情对谷歌来说是一大幸事，但对人类好奇心而言则未必，因为好奇心依赖于摩擦阻力，依赖于填补信息缺口过程中的拼搏，依赖于不确定性、奥秘以及对无知的意识。

> 好奇心依赖于摩擦阻力，依赖于填补信息缺口过程中的拼搏，依赖于不确定性、奥秘以及对无知的意识。

我们对简单的答案如此习以为常，以至于就快要忘记该如何提问题。辛格在接受《卫报》采访时曾被问到谷歌搜索的准确度是否将通过让用户学会如何输入更准确的关键词来提升。辛格叹着气回答道："事实正相反。系统变得越精确，提问就能越简单。"

The Desire
to Know
and Why Your Future
Depends on It

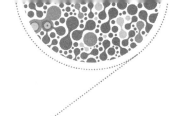

CURIOUS
The Desire to Know
and Why Your Future
Depends on It

04

好奇历经的三个时代

| 被视为危险之物的时代 |

我们对于好奇心的观念在不断地变更着。正如乔治·罗文斯坦所说，我们对待好奇心的态度存在"划时代意义的摇摆"。好奇心在过去某些年代被当作一种歪门邪道，而在某些年代则被当作一种美德。在当下，好奇心则被当作两者之间一种令人困惑的混合。纵观好奇心的历史可以帮助我们解释"curiosity"或"curious"一词多种用法的迥异。"curious"一词既可以表示一个人对知识的渴望，也可以表示一件事物是"奇特"或者"怪诞"的，甚至有时暗含危险的意思。这一词汇的历史本身也是含糊不清的。

在古希腊雅典，好奇心（curiositas）一词的意思是"为了探求知识而探求知识"。亚里士多德认为，人们研究世界并且提出各种理论仅仅是兴趣使然，而且是"不受任何功利驱使"。古希腊人相信，如果这些探索不耗费时间的话，那也就不值得进行了。知识可以用于生产实

斗兽场中展现出来的古怪景象都来自好奇心这一顽疾。

圣·奥古斯丁
《忏悔录》（ Confessions ）

践固然是件好事，但若以此为最初的行动目的，那将是肮脏的。好奇心应当仅仅是用以引导人们升华灵魂。历史学家汉斯·布鲁门伯格（Hans Blumenberg）曾说："理论不是用来让人生存，而是让人身心愉悦。"古希腊人在自由的辩论、实验和探索中找到了生活的乐趣。单纯的好奇（"恬适且被庇佑的冥想"）大概就是雅典人唯一要做的事情。

罗马人继承了这种关于好奇的纯粹的观点。西塞罗称好奇心为"与生俱来的对学习和知识的热爱……不受任何利益的诱惑。"它不是单纯的理智上的追求，而是一种深刻的体验。西塞罗称之为"求知的激情"，并且认为尤利西斯（Ulysses）①被塞壬（Sirens）引诱是由于她们承诺满足他强烈的求知欲，而不是性欲（虽然坦率地讲可能只有西塞罗持有这样的观点）。好奇心也被当作一种肉体的冲动———一种"食欲"。因此，它同时体现了我们最低等和最高等的天性。

当天主教会取得了欧洲霸主地位之后，好奇心遭受了长达几个世纪的争议。早期基督教的关键人物认为好奇是一种罪恶的背叛，因为只有与上帝相关的问题才是值得思考的。圣·奥古斯丁在他的《忏悔录》中提出了有关好奇心的三个问题。第一，至少古希腊人认为好奇心是无用的，它促使人们去研究那些"没有必要知道，仅仅是单纯地想要知道"的事情。第二，好奇心是反常的，就好像人堕入了淫欲而偏离了正道，被好奇心耽搁了心灵。奥古斯丁描写自己曾经在祷告的过程中因为对爬过的蜥蜴或抓苍蝇的蜘蛛好奇而分心（还好，他那个年代没有 Twitter 这样的社交网络）。第三，好奇心是傲慢的。人类想要看到或了解对其隐藏的事物，是自我膨胀的对神权的挑衅。为什么要去探寻那些上帝认为不该让人知道的知识呢？

大约在圣奥古斯丁写下戒律 900 年后，托马斯·阿奎那（Thomas Aquinas）成为了第一个向有关好奇心的传统观点发起挑战的重要教会人物。尽管阿奎那坚持认为好奇心的存在只有一个终极目的，即更好地了解上帝，但他比奥古斯丁更

---

① 《奥德赛》中的主角奥德修斯的罗马名称。——译者注

能体会这种亚里士多德式的对世界知识的渴望之情。阿奎那对好奇心做了重要的分类。他认为好奇心分为两种：第一种是罪恶的好奇心，它不认真、漫无目的、可以迅速被满足且非常短暂，"仅停留在事物的表面"（基本上类似于圣·奥古斯丁的看法）；第二种是探求"有关神创的真理"的好奇心，这种好奇心是认真而严肃的（你会发现，这类似于消遣性好奇和认识性好奇的区别）。阿奎那提出了一个简单有力的论据来反驳奥古斯丁对于好奇心过于严厉的观点："对于真理的认识再多都不是坏事，反而是好事。"

然而，好奇心在整个中世纪都一直被冠以坏名声。直到15世纪，随着文艺复兴时期人们对古希腊的经典观念重新燃起兴趣，好奇心才再一次获得人们的尊重——即使谈不上被尊重，至少也是让人觉得有魅力的。莱昂纳多·达·芬奇就表现出一种新奇而大胆的对未知和未涉足甚至被禁事物的浓厚兴趣。在政治、军事和经济方面逐渐发展起来的驱使人们研究、理解、最终主宰自然世界的推动力，与当时教廷对知识的垄断发生了很大的冲突。这一紧张局势在对伽利略的审判中达到了登峰造极的地步。他因开创性地证明了地球围绕太阳旋转的假设而受到膜拜，之后又因坚持这一假设的正确性而惨遭迫害而入狱。

囚禁伽利略恰恰体现了教廷的负隅顽抗，他们已经逐步失去了战场。伟大的思想家们在如美第奇家族（Medicis）等强势权贵的资助下，渐渐改变了人类对于自身在宇宙中所处位置的看法。伽利略的望远镜以及后来牛顿对于宇宙秩序的理解，开创了战争、探索和贸易的新领域。宗教改革解开了天主教教条的枷锁，使那些对正统的质疑慢慢被人接受。到了17世纪，世俗的好奇心已能被欧洲的统治阶级所接受。随着信息和出入境的屏障被解除，贸易商人、行政官员和军人从异国他乡带回了闻所未闻的传说和晶莹夺目的财宝。同时，科学家也在发展着有关地球运转的新理论。

"珍奇屋"（Curiosity cabinet，亦称Wunderkammeren）是一个全新的概念，它的出现昭示了在世界的其他角落存在着一个等待被探索的奥秘——它有着复杂、可怕而又绚烂的多样性。珍奇屋里有玻璃陈列柜，里面可能展示着红宝石、东方的雕塑、"独角兽"的兽角、怀表、手枪、占星盘、袖珍画、香水瓶、致命毒药、化石、文物、丝带、来自亚马孙河流域的药材以及牛黄等。这些展品既有天然形成的，也有人造的；既有魅力尽显的，也有令人感到怪异的，但都无不体现着收藏者的知识和地位。在一个贸易使全民都生活富裕的社会里，被人视为受过良好教育且有着人文修养就显得格外重要。珍奇屋里的那些让人充满好奇的陈列柜就好像是在说："瞧，科学知识、文化品位、工艺技能，还有幽默感，我全都拥有。"这就如同一张经过精心修饰的自拍照。

好奇心在展示了它的用处不久后，又再次从道德层面为人们所接受，甚至开始被认为是一种美德。1620 年，弗朗西斯·培根爵士宽慰他的读者说，亚当和夏娃的原罪在于寻找关于道德的知识，而非关于自然的知识。他认为上帝将科学探索当作"孩子们玩的天真而善良的捉迷藏游戏"。对于自然的探索不再是对禁忌领域的入侵，而是被视为一种揭示上帝造物这一伟大荣耀的途径，以及人类作为高等动物的一个标志。

如果文艺复兴、全球贸易和科技革命使得好奇心再一次受到尊重，那么纸质出版物的出现则使它变得流行起来。

| 受质疑的时代 |

16 世纪，一场被某位历史学家称为"人类大脑手术"的革命，正在卓越的新技术的推动下自下而上地展开。古登堡的印刷机是一个令人备感好奇的机器。它促使人们的想法得以快速地传播和交换，并在此过程中去除陈旧的定势，点燃强有力的新思想。它的重大影响在 17 世纪初已显而易见。弗朗西斯·培根爵士将印刷机这一发明连同火药与指南针统称为"改变了世界整个面貌和状态的三大发明"。

> 社会是由沟通与信息组成的。
> ——塞缪尔·约翰逊

培根宣称，当时到了"对科学、艺术以及所有的人类知识进行全面重建"的时期。他认为，新的知识必须构建于观察之上，而不是基于对抽象原则的进一步细化。历史学家伊恩·莫里斯（Ian Morris）对培根的这一见解是这样阐释的："哲学家应该把鼻子从书本中拽出来，看看围绕在他们周围的世界——繁星和昆虫、大炮和船桨、树上掉下的苹果和摆动的吊灯。他们还应该与那些知道事物是如何运行的人交流，比如铁匠、钟表匠和机械师。"

到了 18 世纪，培根的预言变成了现实，其实现程度恐怕远远超过了他当初的预期。那些铁匠、钟表匠、机械师们都变成了自然哲学家。科学不再只是修道士独有的知识囤积，而成为了一种普罗大众能进行实践和享受的愉悦追求。在英国，这显然形成了一种时尚：人们会在业余时间搞一些发明，写一篇在附近沼泽地观察鸟类的报告，或是摆弄一些化学器材，或是在家中和咖啡馆里组织一个针对当下重要问题的讨论会。①

随着识字率的上升，英国人开始了一场大规模的认知普及历程。据历史学家罗伊·波特（Roy Porter）称，在 1660 年到 1800 年之间，英格兰出版了超过 30 万本书籍和小册子，总发行量约两亿册。出版社还大量发行了各种自学教程、教育性专著以及建议手册，内容涵盖种植园艺、体操训练、木工手艺、烹饪技术等各个方面。一些著名的工具书，如塞缪尔·约翰逊的《约翰逊字典》（ *A Dictionary of the English Language* ）、《大不列颠百科全书》（ *Encyclopaedia Britannica* ）等，以及有关艺术和科学历史的著作也在这一时期相继问世。

到了 18 世纪 70 年代，伦敦拥有九家日报社和五十家本地周报社，每年总共发行 1 200 万份报纸。新闻产业盛世的出现同时也激发着人们进行思考并提出疑问。塞缪尔·约翰逊说："知识是通过一张张印有新闻报道的纸在我们每个人之间传播开来"。历史学家查尔斯·坦福特（Charles Tanford）写道："启

---

① 历史学家马修·格林（Matthew Green）曾这样描述过 18 世纪伦敦的咖啡馆："在 1715 年的约翰咖啡馆里，你能听到人们从一个话题转换到另一个完全出乎意料的无关话题。比如，从斩首叛军詹姆斯党主（Jacobite Lord）的新闻可以转移到讨论'砍头是非常容易的致死方式'。在此过程中，某位参与者告诉大家他正在进行的一个实验：将一条蛇切成两半，而后惊讶地发现被切开的两段蛇身居然各自爬向不同的方向。于是在场一些人便会推论，这是不是证明了双重意识的存在。"

蒙运动时期，与其说人们是被启蒙的，不如说是主动进步。任何人只要愿意动脑筋并善于观察，就可以在任何领域学习到新东西。你只需要知道从哪里开始就行。"

并不是所有人都喜欢这样的进步。激进的反牛顿主义者亚历山大·凯特克特（Alexander Catcott）认为，人们在获得超过自己身份地位以外的思想："启蒙时期的每个人（完全受到那些文雅而又浅显易懂的书籍、报纸和杂志的引导），都以为自己拥有创造哲学（事实上可能是宗教）的自由。"凯特克特指出了一点：新的知识给予人们力量，并且它激发出的好奇心是具有颠覆性的。通过阅读约翰·洛克（John Locke）有关人权的哲学观以及法国大革命的新闻报道，使得人们更普遍地开始质疑自己所在社会的公平性。这样的质疑最终引发了19世纪社会与政治的巨大改革。

虽然不列颠的统治者惧怕这些质疑所带来的结果，但他们也同样看到了它们所带来的实质性好处。认识性好奇是英国工业革命的智力动力。经济历史学家乔尔·莫克（Joel Mokyr）用"工业启蒙"一词来描绘当时英国的经济增长是靠思想和知识来推动的，而不仅仅是靠自然资源。那个时代的领军人物都是张扬而充满好奇心的实干家。本杰明·富兰克林、詹姆斯·瓦特、伊拉斯谟斯·达尔文都不是躲在象牙塔里的学者，而是真刀真枪想要改变世界的人物，并且他们绝不仅仅是停留在思考的层面上。他们成为了其所处年代的偶像。例如，一提到富兰克林，我们就会想到他的风筝实验。他们是那些享受在饭桌上或者咖啡馆里学习、询问和讨论所带来巨大乐趣的人。是他们让好奇心变得流行起来。

******

在认识性好奇崛起的同时，另一种好奇也在蓬勃发展——对于他人的想法和感受的好奇，还包括对那些与自己非常不同的人的好奇。当然，对发生在其他人身上的事情感兴趣也是人类的一种本能；我们生性好打听，会不由自主地观察周遭的人和事，并从中学习。但从 18 世纪开始，人们愈发迫切地想要去了解与自己非常不同的人的思想和性情，相应的方法也在不断地得到改善。

> 在如今人类进步程度很低的情况下，让人们接触与自己不同的人，接触自己不熟悉的思想方式和行为方式，其意义之大，简直是无法估计的。
>
> 塞缪尔·约翰逊

好奇心不再仅存在于会客厅里，而是出现在街头巷尾。按简·雅各布斯（Jane Jacobs）的话说就是，城市的崛起使我们得以见到只能在旅行中才能遇到的东西，那就是陌生的人和事。如果你生活在乡下，大概很难见到一个陌生人，但在城市里却随处可见，并且这种陌生感会使人想去探究，或至少想要作出一些猜测。在楼下的房间或街头的转角说不定就存在着一段秘密的恋情、一种离奇的信仰或者怪异的习俗。与许多同时代的人一样，詹姆士·博斯威尔（James Boswell）不喜欢这种把人们聚到一起的城市居住方式，但是塞缪尔·约翰逊则认为这是一种能量："巨大的伦敦不是由不断演进的华丽的建筑物所组成的，而是由那些簇拥在一起的多样化的人类栖息场所组成。"约翰逊的名言——"一个人若厌倦了伦敦，那也就厌倦了生活"——证明了城市永远是神秘的。

同理性好奇的崛起可以从小说、戏剧与诗歌等文学作品中看出来。莎士比亚与伽利略生于同一年（1564 年），可分别被敬为同理性好奇和知识性好奇的开创性人物。几乎在同一时期，另一位开创性人物弗朗西斯·培根爵士编纂了科学方法论，而莎士比亚则开启了戏剧独白的重大变革，让平常百姓也能一窥王者的思绪和情感。

接下来的 18 世纪，一种全新的文学形式诞生了。不同于以往任何一种故事形式，小说更深入地将读者带到了别人的精神世界里。事实证明，这种类型的文学作品拥有巨大的市场。丹尼尔·笛福（Daniel Defoe）的《鲁滨逊漂流记》第一年就印了 5 000 册，而亨利·菲尔丁（Henry Fielding）的《阿米莉亚》（*Amelia，1751*）仅在第一周里就卖出了同样的数量。人们有一种想要了解他人生活的欲望，其意义远在"好打听"之上。当人们在阅读《帕米拉：美德的回报》（*Pamela*）或者《大卫·科波菲尔》（*David Copperfield*）时，仿佛完全置身于另一个与自己不同性别、年龄、文化或者阶层的人的思想当中。经济学家与哲学家亚当·斯密在 1759 年提出，我们每个人都能成为一个有判断力的旁观者，能够无比生动地想象他人的处境。基于这一新的思考方式，他还把文学作品里的人物当作自己的楷模。一百年后，小说家乔治·艾略特（George Eliot）说："我们从艺术家身上获得的最宝贵的收获就是因我们的同理心而引起的共鸣，无论是来自画家、诗人还是小说家。"

美国当代哲学家理查德·罗蒂（Richard Rorty）曾说过，小说是民主思想的典型体裁，因为它使人们对别人的处境更加感同身受。尽管他自己是一位哲学家，但他相信若要人们有认同感，小说才是进行推理最有效的工具。举例来说，一个基督徒和一个无神论者可能无法在同理心上达成共识，甚至会陷入到一场激烈的争辩之中，因为他们所依赖的推理方式是出自各自的认知共同体（epistemic communities），具有一定的狭隘性。而只有小说可以冲破他们彼此的心理屏障，让陌生人之间也能相互理解，因为它能触动人的心灵和思绪。

罗蒂将哈里特·斯托（Harriet Beecher Stowe）在 1852 年发行的小说《汤姆叔叔的小屋》作为一个典型的例子。该小说通过对汤姆叔叔长期遭受的苦难的有力描写，使读者产生了强烈的同理心，被公认为一部对民众所持的奴隶制态度产生深远影响的作品。这部小说在发行的第一年就在美国售出了 30 万册，在英国售出了 100 万册。据说亚伯拉罕·林肯在南北战争之初会见斯托时说道："原来您就是引发这场伟大战争的女士。"（我觉得这句话听上去不一定是一种赞扬，尽管林肯的本意显然是想表达此目的。）

最近，科学家开始研究到底是什么使小说能够如此地引人入胜。加拿大约克大学（York University）的心理学教授雷蒙德·马尔（Raymond Mar）在 2011 年发表了一篇对 86 项功能性核磁共振成像研究的综述，并得到这样一个结论：用于理解故事神经网络和处理与他人关系的神经网络有大量的重叠部分。小说在我们的大脑中呈现了一种对现实生活场景的模拟，帮助我们如何更好地理解朋友、敌人、邻居和爱人的意图、动机、渴望以及挫败情绪。[①] 2013 年，位于纽约的新学院（The New School）的研究人员发现，经常阅读小说的人在对社交和情感智力的测试中表现得更好。更有趣的是，只有阅读文学小说会有这样的效果，而以情节制胜的流行小说则不会有这一的效果。研究者认为其原因在于文学小说留下了更多的想象空间，鼓励读者去揣摩角色的意图。无论是同理性好奇还是认识性好奇，奥秘比谜题更能够刺激我们的好奇心。

城市既激发了人们大量的知识性好奇，也使同理性好奇倍增。塞缪尔·约翰逊发现，若大量的人聚集在一个集中的区域就能产生一场空前的知识大爆炸。他告诉博斯威尔："我敢说，在我们现在所坐之处的方圆十英里内，所汇集的知识与科技比整个世界其他地方加起来还要多。"这样的聚集再加上书籍的广泛传播，催生了一种被称为"意外之得"（serendipity）的偶发性学习形式。"serendipity"一词是有着贵族审美爱好的霍勒斯·沃波尔（Horace Walpole）发明的。在其 1754 年写给朋友的一封信中，沃波尔引用了波斯童话《锡兰三王子》（*The Three Princes of Serendip*）的故事来解释他的一个意外发现。他在信里对朋友说："这三个王子在路上总能因为意外或者他们的聪明才智，发现一些他们没有刻意寻找的事物……现在，你明白什么是意外之得（serendipity）了吗？"这便是"serendipity"一词的来历。而城市正是这些"意外之得"的孵化器。

这是有史以来第一次，大量的成年人可以有机会生活在求知欲当中，并以此为职业而生存下去。在人类的大部分历史中，当年轻的成年人开始哺育后代、经营家庭或者卷入战争时，他一生的学习经历就结束了。直到科学机构和现代大学的出现，以及工业和贸易对经济的提升开始惠及大众时，一大部分人才得以从生存压力中解放出来。

---

① 马尔的一项针对学龄前儿童的研究也得出了一个类似的结论。给孩子们讲的故事越多，他们越能够理解其他人的想法。有一个反常规的统计结果是，看电影能有同样的效果而电视则不能。马尔认为这可能是因为小孩通常是独自看电视，而去电影院则是和父母一起，如此一来就能相互交流。儿童的同理性好奇似乎同知识性好奇一样深受父母的影响。

尽管几个世纪以来，好奇心越来越受褒奖和鼓励，知识性好奇和消遣性好奇的区别依然同从前一样显著。18世纪哲学家大卫·休谟（David Hume）将好奇心分为两种：对知识的热爱和无休止地想要打听邻居的行动及状况的热情。19世纪末，亨利·詹姆斯的兄弟、美国哲学家威廉·詹姆斯（William James）将好奇心分为科学性的和仅仅因新意而产生的两种。

当下，我们依然享受着启蒙运动时期爆棚的好奇心所带来的好处，它激励了几十项改变世界的发明，完善了有关"我们是谁，我们又从哪里来"的认识，为当代的政治和法律制度打下了基础。如今，我们比任何时期都更需要利用每个人的探索思维来解决我们所面临的全球性挑战。然而，好奇心又一次身处险境，并且这一次的原因与中世纪完全不同。中世纪时期，信息稀少并且难以获取，而如今，问题的根源正是在于信息太过丰富且非常容易获得。在这个本该是自富兰克林放飞风筝之后属于好奇心的黄金时期，我们却正逐渐失去对知识探索的兴趣。

| 快速回答的时代 |

1945年，美国科技研究与发展办公室（U.S. Office of Scientific Research and Development）的主任范内瓦·布什（Vannevar Bush）在《大西洋月刊》上发表了一篇名为《诚如所思》（*As We May Think*）的文章。在文章中，他表达了对当时世界知识发展状况的担忧。他认为其发展速度过快，任何人都难以赶上：

> 机器用于回答问题；而人负责提出问题。
>
> 凯文·凯利

我们所面临的难题看起来并不在于我们所发表的著作在广度和多样性上与当下人们普遍的兴趣不符，而在于出版物如此之多，以至于我们完全无法现有的能力从中挑选出真正对自己有益的信息。人类的经验总结正在以飞快的速度积累，而我们用于在纷乱之中找出当下最重要的信息的方法却还同过去制造横帆船时期一样。

布什宣布通过缩微技术（microfilm technology）实现信息压缩取得了重大进展，他预言在不久的将来，整套《大英百科全书》可以压缩在一个火柴盒般大小的空间内。尽管如此，他也担心这种压缩信息的花费可能会过高，使大部分人都无法受益于这种高新技术。

可得性并不是唯一的问题。布什还强调说，我们存储信息的方式，无论是压缩还是不压缩，都与我们的目标不相匹配。我们将信息按照字母顺序和数字顺序进行收录，这样就可以按照路径和子路径去索引一条特定的条目。图书馆就是按此来整理藏书的。然而，信息越多，这样的收录方式的效率就越低，而且也没有反映出人脑的运行方式，即我们可以灵活地将完全不同的事物联系起来。

布什为此提出了一个假设性的解决方案，这在当时更像是一种科幻而非有建设性的意见。他想要制造一种他称为"Memex"的机器，"Memex"是"记忆"（memory）和"索引"（index）的合成词，类似一个写字台，上面有一个倾斜的半透明屏幕，还带有一个键盘和一系列按钮和拉杆。用户可以在 Memex 的微缩胶片中输入各种信息，还能附带个人笔记、图片和电影胶片。

Memex 最重要的一项功能是任何一个项目都可以链接到其他任何项目上。比如说，如果用户对弓箭的历史感兴趣，他可以逐步建立一个关联网络（associative mesh），以组织来自不同渠道的信息。信息可以是来自百科全书上的关于中世纪战争的条目，也可以是一篇关于十字军东征的文章，或者是一张土耳其弓箭的照片。所有这些资料都被链接在一起，并且就像我们大脑里的神经细胞一样，每一项都会有多重链接。用户可以选择按照不同的特征寻找信息，如果想从战争历史转到有关弹性的物理理论，都可以轻易做到。布什后来参与了互联网的结构设计，互联网的根基是通过超链接实现的关联，即有关信息的信息。布什未能预见到的除了我们的机器不再使用拉杆以外，还有信息被处理和压缩的速度将在不久之后得到惊人的发展。

如今被誉为当代信息学理论之父的克劳德·香农（Claude Shannon）曾与

布什在贝尔实验室共事。他在 1949 年画了一张表格来记录当时世界上几个主要的信息仓库。最大的是美国国会图书馆（U.S. Library of Congress），在当时它被认为几乎收集和整理了所有人类有过记录的知识。香农估计若换算成比特单位，美国国会图书馆藏有近 100 万亿比特的信息。而现在，这么多的数据（13GB）可以被存储到一个几磅重的硬盘上，价格不到 1 000 美元。因此，各类信息无处不在，政府和公司办公室里、实验室里、家里，甚至大街小巷都充斥着信息，并且还在不停地复制当中。

这一骤变发生的速度令人惊叹。计算机科学家杰伦·拉尼尔（Jaron Lanier）曾作出这样一个生动的比喻："这就好像你跪到地上种下一棵树苗，结果它生长得如此之快，以至于你还来不及站起来，它已经覆盖住了整个城市。"我们的星球被快速增长的信息丛林所覆盖，因此很自然的，信息指南就被创造出来以帮助人们找到他们想要的信息。谷歌在实现其"组织全世界的信息"这一目标上，早已超过任何人十年前的预期。此外，通过激发志愿者的激情并结合使用开源技术，吉米·威尔士（Jimmy Wales）创建了维基百科—— 一家彻底改变了人类与知识之间关系的企业[①]。

尽管这些架在人类与信息之间的网络媒介有其局限性和算法偏差，但无论如何，它们都是必不可缺少的，因为如果没有它们，我们将完全无法驾驭这么多的知识。如今，互联网是每一个好奇的大脑都最喜爱的资源。用笔记本或者手机，我可以立刻搜索有关巴赫的清唱剧的文章，或者观看有关发展经济学的讲座，或者从各个领域最优秀的人才那里学习天体物理。我可以沉醉于莎士比亚的第一部作品集中，也可以仔细端详伦勃朗的笔触，一遍又一遍地观看《教父》的经典片段。我可以在线旁听世界上最优秀大学的课程，也可以加入讨论

---

① 对维基百科持批判态度的人往往抱怨其并不可靠。然而，相对于它令人震惊的全面性而言，这是一个相当合理的代价。维基百科的用法最好能像吉米·威尔士所说的那样——作为第一个可参考的出发点，而不是信息来源的全部。随着混乱、争议和不断的修改，维基百科证明了科学的执行可以创造出远胜于《大英百科全书》的内容，超越其不可撼动的威望，并提醒我们，知识在本质上就是不可靠的，必须经过反复核准。

组，与其他和我一样想要学布鲁斯吉他的人进行交流。我可以搜索有益于我工作的信息，或者为我的新书找到灵感。而这些中的大部分都是免费的。

尽管如此，我们仍然可能无法达到 18 世纪英国伦敦社会的好奇程度。好奇心依赖的是信息的需求与供应。它依赖于我们欲望、我们的感受，以及我们准备好以多大的实践和代价来投入。它也有赖于辨别能力。它涉及我们究竟想要知道什么的问题。正如我们看到的，互联网可以在我们还没有仔细推敲一个问题之前就给我们答案，它也可能让我们轻易地忽略自己的无知。

1945 年的一天，一个名为珀西·斯宾塞（Percy Spencer）的人正在视察他所管辖的一个实验室。这个实验室坐落在马萨诸塞州沃尔瑟姆市，隶属于美国大型国防合约商雷神公司（Raytheon），该公司在第二次世界大战期间为美国空军提供了雷达技术支持。斯宾塞站在一个发射微波用以加强雷达灵敏度的电子管旁时，突然感到了一股莫名的热浪。他看了看自己的衣兜，发现里面的糖果溶化了。斯宾塞感到很好奇，于是派人找来一袋爆米花，并把它放在真空管前，结果爆米花竟然爆裂了。在之后不到一年的时间，雷神公司就申请到了微波炉的专利。

在科学发现的历史中，许多重大突破都源于机缘巧合，其中最有名的当属青霉素的发现。1928 年，亚历山大·弗莱明（Alexander Fleming）发现细菌无法在培养皿中的霉斑周围生长，他便忽然意识到霉菌具有抑制细菌的作用。然而斯宾塞和弗莱明两人的成功并不仅仅是一种幸运，而是因为他俩本身都是具有强烈好奇心的人，多年来积累了各自领域内的大量知识，并一直专注于学习和改进。他们已经做好了准备，一旦出现了一个意义非凡的异常现象，他们就有能力发现并且把握住突破的机会。

近来，我们常常会把意外发现归因于运气而忽略霍勒斯·沃波尔（Horace Walpole）所说的"睿智"。当斯宾塞发现他的糖果溶化了，并没有像我们当中的大部分人一样，耸耸肩就走开了。也只有像弗莱明这样既对细菌非常了解又充满着求知欲的人，才能洞察到一处霉斑的重大意义。路易斯·巴斯德（Louis

Pasteur）曾评论说："在观察领域，机会总是留给有准备的人的。"好奇心让我们意识到自己的盲点，关注于自己所未知的事物，从而为之后的顿悟做好准备。这如同给我们带来了好运。

经济学家约翰·凯恩斯曾建议大家这样逛书店：

> 书店不像铁路售票处，在到达之前你就已经知道自己想要什么。你应该迷迷糊糊地进入书店，就像身处梦境之中，然后让所有的书自由地吸引你的眼球。到书店里任凭好奇心的支配而漫步，会是愉悦午后的一项消遣活动。

这样的建议恐怕不适用于谷歌的使用者。用凯恩斯的话说，谷歌更像是铁路售票处，是当你已经知道自己的目标之后才会去的地方。一个真正好奇的人知道，自己并不是每时每刻都清楚自己想知道些什么。

拉里·佩奇在讨论谷歌公司的未来时曾说："一个完美的搜索引擎可以精确掌握用户意图，并作出精确的回应。"但是，如果我们不知道自己想要知道什么呢？

"我需要学习什么"这个问题不难回答。我们的 DNA 已经给我们预先准备好了一些答案，比如我们一出生就知道需要学习如何吃饭，或者需要破解从父母嘴里发出的那些有趣的声音，并最终为自己所用。随着我们的成长，总会有来自无论是家长还是老师或老板等各类人的声音，告诉我们需要知道些什么，才能在学业和事业上做得更好。从这个意义上讲，互联网的作用是无与伦比的，因为当你知道自己需要知道什么的时候，它总是可以成功地帮你找到答案。而另一个问题则要困难得多——"我想要知道什么"，这是我们的生命中最重要的问题之一，而互联网却帮不上忙。

在互联网出现之初，热衷它的人曾梦想互联网会像凯恩斯的书店或富兰克林的咖啡馆那样，用户可以与陌生人随机地建立起联系。"网上冲浪"一词反映了当时我们期待互联网能帮助我们自由地无界限地探索的心情。微软公司在 20 世纪 90 年代的口号——"你今天想去哪里"抓住了当时人们把互联网当作一个可以无尽探险的网上世界的观念。就像作家叶夫根尼·莫洛佐夫（Evegny Morozov）所指出的，互联网浏览器的名字如 Explorer（探索者）、Navigator（航海家）、Safari（探险家）都反映了这样一种浪漫情怀：网络是一片处女地，任何人都可以按照自己的意愿随意地探索，无论它是多么地晦涩难懂或是稀奇古怪。

如今，互联网已经发展成为一个被精确调试过且运转高速通畅的机器，用以传递我们需要的答案。不论你想要找的是什么，咨询也好，娱乐也罢，它都能以非常高的效率找到。在谷歌首页输入一个问题，你一般都能在第一页得到最佳答案而不需要点击下一个链接。在咖啡厅听到一首歌，就能立即轻松购买并随即在你的手机上播放。Facebook 鼓励用户安全地待在它的蓝色墙后面，因为它似乎能够提供你想要的一切。我们越来越多地通过手机应用访问互联网，这意味着我们甚至不需要去输入网址，就能使结果更加准确。互联网的西部蛮荒时期已经结束，潦倒的村落都变为了现代的商场，并已发展得十分成熟。

网络比以往任何时候都更容易搜索，但正是因为它如此高效地满足了我们的需求，就自然不会激发我们的好奇心。好奇心是依赖于那些没有被解答的问题来维持的，然而谷歌有着所有的答案，从来不会说"我不知道"。从信息的角度来讲，这使我们会满足于已经获得的知识，而轻率地忽视了尚不知道的部分。

不是所有人都认为这是一个问题。技术传播者罗伯特·斯科布尔（Robert Scoble）曾这样说："在未来，你打开 Facebook 的同时，所有你想要知道的信息都会从屏幕上出现。"然而，好奇意味着你想要发现尚不需要或者不感兴趣的事情，只有当你找到它时才会意识到自己其实非常乐在其中。

麻省理工学院媒体学者艾森·扎克曼（Ethan Zuckerman）曾指出，18 世纪出现的那一类老式纸质媒体可以更好地通过创造偶然性来激发人的好奇心，尽管这正是源于其局限性。报纸的头版可以用 Lady Gaga 的服装来吸引你的注意，然后引导你一直读到一篇关于突尼斯革命的报道。好的书店仍然比亚马逊更能让人注意到以前没听说过或者没打算找的书（最近的研究发现，人们在书店冲动购买书籍的可能性是在线网购的两倍）。如此看来，从前的媒体更能拓宽我们的视野。谷歌可以解答你所有的问题，但是却不能告诉你应该问什么问题。

当我们拓宽了获取信息的渠道，并不等于好奇心也随之自然而然地被扩展。事实甚至与此相反。芝加哥大学社会学家詹姆斯·埃文斯（James Evans）创建了一个包含从 1945 年到 2005 年发表的总共 3 400 万篇学术论文的数据库。他通过分析文章的引用列表，来看当期刊从纸质发行转至在线发行后，研究形式是否有所改变。因为数字文献远比纸质文献易于搜索，所以他最初假设学者们能使用互联网拓宽他们的研究视野，因此文献引用的多样性应当会大大提高。而结果正好相反，他发现在期刊转至在线发行之后，学者们实际上较以前引用了更少的文章。可用信息的拓宽反而导致了科学和学术的狭隘。

在对此发现进行解释时，埃文斯指出，如谷歌一类的搜索引擎通常会有一种齿轮效应（Ratchet effect），这会使受欢迎的文章越来越受欢迎，于是就快速地产生和强化了什么重要而什么不重要的共识。此外，超链接的简单高效意味着研究者将忽视那些不是最相关的文献，而从前使用纸质出版物的研究者在翻阅期刊时则不可避免地扫过这些内容。虽然在线研究相对于在图书馆无疑更高效、简洁、可预测，但也正因为如此，它缩小了探索研究的广度。

互联网破除地域、文化及语言屏障的能力被广为认可。然而有证据表明，虽然互联网扩展了部分人的眼界，因为他们使用网络的目的正在于此，但是对于我们大多数人来说，眼界反而变得更狭窄。艾森·扎克曼发现，美国互联网用户所阅读的新闻有 93% 会在国内以纸质形式发行，事实上，这使美国成为世界上最不狭隘的国家之一。而法国的新闻网站 98% 的流量都在国内新闻页面上。"信息可以在全世界流动，"扎克曼说，"但是我们的注意力则常常高度本土化和部族化。"

经济学家费尔南多·费雷拉（Fernando Ferreira）和乔尔·沃德福格（Joel Waldfogel）研究了来自 22 个国家的消费者自 1960 年以来的半个世纪内购买音乐的消费习惯。你可能会认为在 YouTube、iTunes 和 Spotify 盛行的年代，我们的音乐品位将变得国际化和异质化，然而费雷拉和沃德福格却发现，消费者更倾向于购买自己本国的音乐，并且这种倾向自本世纪初开始正在逐步加强。

捕捉"意外之得"可能性的减少会使得创新变得更难，因为创新依赖于知识与想法的不期之遇。当每个人都用同样的方式获取同样的信息时，就很难找出最初的关联点。扎克曼回忆说，有一次他向一些投资经理做了一场关于"意外之得"的演讲。一开始他还担心如何能抓住他们的注意力，结果他却发现每个人都听得聚精会神。"在金融界，每个人都在读彭博，所以每个人看到的都是一样的信息，"扎克曼说，"但是他们想要找的却是如何跳出常规来获得灵感的策略。"①

并不是说互联网没有让我们对新的信息、其他的人、其他的国度敞开心扉的潜力，而是这种潜力往往都被埋没了。将来，能够将这一潜力加以利用的人会发现自己有越来越强大的优势。

---

① 关于互联网和"意外之得"之间的关系的精彩讨论，参见扎克曼 2013 年出版的《重新接线：互联时代的数字大都会》（ *Rewire: Digital Cosmopolitans in the Age of Connection* ）。

CURIOUS

The Desire to Know
and Why Your Future
Depends on It

05

好奇的红利

| 好奇对成功的影响力 |

在当今社会中，教育程度是影响个人未来发展最重要的因素之一。我们大部分人都生活在一个比任何时候都更有利于学习者，而不利于愚昧或无技术者的经济环境中。

在全球范围内，发展速度最快的那些国家拥有更高的大学入学率。在欧洲和美国，高等教育费用的增长速度超过了平均收入的增长速度——但是不受教育所导致的潜在成本却增长得更快。在美国，拥有大学学历和拥有高中或以下学历的人群的收入差距达到了现代社会以来的新高。大学毕业生的收入比高中肄业生高出 80%。

良好的中小学教育是高等教育的前提。因此，人们自然而然地就会越来越关注为何有些儿童在中小学阶段比其他儿童表现得更好。我们知道，儿童所处的社会经济条件对此会有很大的影响，但是个人的能力和潜质又在其中发挥了什么样的作用呢？研究得最为详尽的因素就是智力。虽然 IQ 分数的有效性和显著性一直以来都有争议，但是大量的证据显示，智力或"认知能力"与学习成绩显著相关。

然而，IQ 绝对不是成功的唯一决定因素。每一位有经验的教师都能举出聪明的孩子没有拿到学位，而不那么聪明的同学却拿到了学位的例子；大学教授都知道，有时候最聪明的学生反而是最懒惰的。最近几年，研究教育成果差异的心理学家们开始更多地关注那些非认知能力特征，比

> 个性特征所产生的影响是智力的四倍。

如个性或者性格等。现在我们知道，学生在学习过程中的态度以及学习习惯对在校表现的影响远远超过了我们从前的预期。这一现象在高等教育中显得更为突出，因为智力的差异在这个阶段已经很小了。一项对英国学生中精英层的纵向研究表明，个性特征所产生的影响是智力的四倍。

那么，哪些个性特征最为重要呢？获得研究者最多关注的特征是责任心及其相关的品质，比如毅力、自律，以及心理学家安吉拉·达克沃斯（Angela Duckworth）所称的"坚韧（grit）"，也就是接受失败、克服困难、坚守长期目标的能力。这一系列态度与较高的成绩具有一致的相关性。[1] 最新的研究以有力的证据表明，还有一种个性特征同样对教育的成功有着相当大的影响。

伦敦大学金匠学院（Goldsmiths, University of London）的讲师索菲·冯·斯蒂姆（Sophie von Stumm）根据已有的关于个体学习成绩差异的研究成果组织编写了一份综述。他们综合了 200 项研究，研究对象总共包括近 5 万名学生。她假设求知欲（intellectual curiosity），即"主动寻找机会，去参与并享受那些需要付出努力的认知活动"倾向会对成功有所帮助，因为这些学生会渴求学习新的知识并探索新的想法。数据显示她的假设是正确的：冯·斯蒂姆及其合作者们发现好奇心对学习成绩的贡献大体上与责任心相同。两者相加的影响甚至超过

---

① 责任心与智力是高度独立的，虽然有一些证据表明能力不够高的人可能会为了弥补自己能力的不足而提高责任心，而非常聪明的人则常常会"吃老本"。

了智力。根据冯·斯蒂姆的研究，拥有一个求知若饥的头脑是学术成就的"第三个支柱"。

2012年，伦敦大学学院的研究者们进行了一项对过去研究成果的分析。该分析集成了从1997年至2010年发布的241项研究数据，试图分析出在一个高中生的背景和个性中是否存在某些能预示着他将来进入大学后会获得成功的因素。他们的发现与冯·斯蒂姆的惊人地相似。研究者们调查了三大类可能的预测参数：人口统计学参数，如性别和社会阶层；传统的认知能力因素，如智商和高中时的学习成绩；以及42个曾被人认为与教育成果有关的个性因素，如自尊心和乐观态度。他们发现，人口统计学参数对大学时期的表现几乎无影响（如社会阶层一类的因素对学生的最大影响是决定学生是否能够上大学，所以不会显现在这项统计的范围内）。对未来成功的预期最有效的参考因素是智力和在校表现。其他因素都没有特别显著，除了责任心和认知需求，也就是我在前言中所提到的科学界对好奇心的衡量指标。

其中的道理非常直观：一个聪明的孩子只有持续地付出努力才能发掘自己的潜力，然而如果他没有足够的学习欲望，就不大可能会坚持下去。但是只有现在，研究者们才能够量化好奇心对教育成果的影响。事实上，冯·斯蒂姆认为好奇心可能是影响个人成就最重要的因素，因为它将智力、坚持和对新事物的渴望这三者合而为一。那些对自己正在学习的事物由衷感兴趣的人往往会更加努力地去理解和掌握。我们还知道，兴趣有助于思考。心理学家保罗·西尔维亚（Paul Silvia）解释说，当一个人对他所读的书籍感兴趣的时候，他就会读得更认真，会更有效地处理信息，找到新旧知识间的更多联系，并且会思考这本书所引发的更深层次的问题而不是只停留在表面。

由此可见，好奇心比以往任何时候都更重要。影响整个社会好奇心水平的因素包括我们的教育体系、育儿方法、教学风格以及社会态度。而所有这些都正在受到我们使用互联网的方式的影响。

| 数字鸿沟 |

如果万维网的先锋范内瓦·布什能够目睹 21 世纪的景象的话，那他有可能既感到兴奋，又感到失望。近期，有一位关注社会化新闻及其讨论网站 Reddit 的用户发帖提问道："如果一个生活在 20 世纪 50 年代的人突然出现在今天的世界里，最难以向他解释的事情将是什么？"关于这个问题最热门的答案是：

> 我拥有一个能放在兜里的设备，并且通过它我能得知人类所知道的一切知识。我用它来看喵星人的图片或跟陌生人争吵。

"数字鸿沟"一词产生于 20 世纪 90 年代，用以描述信息富有者和信息匮乏者之间的鸿沟，以及那些可以从互联网教育优势中获利的人和那些不使用互联网的人之间的鸿沟。这促使人们持续不断地对互联网进行推广，尤其面向那些低收入的家庭推广，这在一定程度上缩小了他们之间差距。但是，接入互联网本身并不是一种社会公益，重要的是我们如何使用它。正如微软公司高级研究员丹那·博伊德（danah boyd）[①]所说，互联网接入的增速反映并放大了一些一直存在却被我们忽视的问题。其中最严重的问题就是不是所有人都有兴趣运用自己的知识性好奇。

凯泽家族基金会（The Kaiser Family Foundation）是一家与医疗相关的非营利组织。作为美国的智囊团，它专门通过问卷调查统计美国人使用媒体的习惯已长达十年。调查发现，美国儿童每天使用电子设备的时间超过 10 个小时，而这一数字自 1999 年以来上升了 50%。根据凯泽基金会的研究，家庭越贫穷，儿童使用电子设备的时间就越长。父母没有大学学位的儿童和青少年，相比来自更高社会经济阶层家庭的儿童，每天要多接触媒体 90 分钟。而这一数字在 1999 年是 16 分钟，说明差距正在拉大。事实证明，当大部分人使用计算机的时候，他们更愿意去玩《愤怒的小鸟》而不是去追逐自己的好奇心。"虽然计算机有教

---

① 按本人要求姓名小写。

育性功能，但是事实证明人们在教育方面的应用与他们在纯粹娱乐方面的应用相比，是何等微不足道，"该研究的作者维姬·赖德奥特（Vicky Rideout）说，"人们并没有缩小成就差距，反而加大了浪费时间的差距。"

在另一项针对美国的研究中，皮尤研究中心对教师进行了问卷调查。结果显示，90%的教师认为数字技术正在创造出"无法长时间集中注意力且非常容易受干扰的一代人"。有四分之三参与问卷调查的教师认为，学生受到互联网的影响从而仅满足于简单直接的答案。教师们在接受常识媒体（Common Sense Media）的研究者的访谈中提出了"维基百科问题"——学生们已习惯于点击几下就找到答案，当面对那些无法立刻得到答案而需要费工夫研究的问题时，他们就会畏缩不前。正如一位高中教师这样描述他的学生们："他们需要的技能并不是'啪，啪，答案找到了'。"

我们经常听到有人说新技术将会推动教育的发展，也许有朝一日会实现，但是我们必须对此抱持谨慎的态度：将互联网带到教室可能不利于学习。2014年《管理科学》（Management Science）杂志上发表了一篇由卡内基梅隆大学研究团队所撰写的论文。研究者们使用了从葡萄牙的初中收集到的大量数据来分析宽带网络连接与学习成绩之间的关联。他们发现，那些允许学生使用高级宽带连接的学校，其成绩低于不允许宽带入校的学校。拥有更好网络连接的学生能在YouTube上找到很多乐子而不会去学习任何东西。

| 互联网让我们变傻了还是更聪明了 |

对于"互联网让我们变傻了或者变得更聪明了吗"这一问题的唯一合理的答案是："是的。"互联网为我们提供了空前的学习机会，允许我们即使不学习也能生活下去。互联网对于那些想要加深自己对世界的理解的人和那些懒得付出努力的人都非常有用。如果你想知道黑斑叉鼻鲀在栖息地的生活，或者想研读《古腾堡圣经》（Gutenberg Bible），又或者想知道谁是曲别针的发明者，你都可以在网上找到。同样，如果你想学习法语或者分子生物学，或者你想分享你求知的热情和非凡的想法，无论有多么生僻，只要找到和你有相同兴趣的人组成的社群，你都可以做到。

但如果你对此不感兴趣，或者和大部分人一样有点懒惰，那么你就只会用网络来看喵星人的图片或跟陌生人争吵。如今，我们用互联网来快速寻找问题的答案，而换作从前则必须花费很长时间来调查并仔细地思考，但最终能学到更多的知识。互联网有效地替代了一般需要求知本能发挥作用的功能。如果你把好奇心交给了别人，那你在不知不觉中就会忘记如何再使用它。

虽然不太可能会发生全民变傻的情况，但是我们可能正处在认知两极分化的开端——好奇的人群和不好奇的人群之间的两级分化。那些喜欢踏上知识旅程的人，将会得到有史以来最多的机会；而那些对别人的问题只是去搜寻简单答案的人，将会丢掉自己问问题的习惯，他们也许从未有过这样的习惯。作家凯文·德拉姆（Kevin Drum）直言不讳地说："互联网正在让聪明的人更聪明，笨的人更笨。"

随着认知鸿沟的加大，它会通过教育系统进一步扩大现有社会和经济地位上的不平等。家长的管教和好的老师会帮助学生完成高中学业后进入大学，而求知欲将会推进这一进程。我们的教育体系却似乎没能成功激发这种欲望，尤其在高等教育阶段。在美国，瓦巴士国家研究中心（Wabash National Study）跟踪记录了 2 200 名学生在大学四年里的学习情况。学生们被要求填写一系列的调查问卷，分别在入学时、第一学年结束和第四学年结束的时候，总共三次。调查结果中最令人惊讶的是，学生学习的动力在第一学年结束时会突然下降，并且直到毕业也未恢复。

与此同时，美国高校对其学生的要求也在降低，这或许也导致了学生们变得更加懒惰。1961 年，学生们每周平均学习的时间大约为 24 小时，而如今只是刚刚超过这个数字的一半。高等教育专家理查德·基林（Richard Keeling）与理查德·赫什（Richard Hersh）指出，高校正越来越把自己当作一个被动的存在，如同一个"为学生提供所需知识资产的银行"。这是一个将会使好奇心鸿沟变得越来越糟的状态，因为它会使好奇的学生比不好奇的学生更成功。

传统大学的地位也正持续受到在线教育提供者的挑战，如 Coursera 和可汗学院（Khan Academy）。成熟的教育机构，如哈佛大学和耶鲁大学也都在提供慕课课程的服务。对于知道自己想要学什么的学生而言，慕课无疑提供了一种具有吸引力的廉价选择。然而，为了能够有效地从慕课中获益，你必须比一个在实体大学中学习的学生有更强的自控力。慕课使学习者没有了想从高额的教育投资中换取最大价值的推动力，也没有了每日面对面地从其他的学生和教师那里获得鼓励的机会，这些公开课的用户只能依赖于自己的求知欲。除非自己求知欲非常之高，否则课程会很难坚持下来。根据《纽约时报》的报道，报名参加慕课的学生只有不到 10% 完成了他们的课程。

随着全球劳动力的增长，我们生活在职场竞争比以往更加激烈的世界中，智能机器正越来越多地接手以前只能由人类来完成的任务。与此同时，在这些因素的共同推动下，好奇心在全球范围内将越来越受鼓励，而毫无好奇心的人将不会受到鼓励，因为好奇是推动人们主动学习的源动力。因此，人类独有的特征，比如创造性、洞察力以及提出试探性问题的能力在当下就显得尤为重要，当然还包括强大的自我激励能力。下面这段话摘自经济学家泰勒·科文在 2013 年出版《平均主义时代已终结》（*Average Is Over*）一书接受采访时的谈话内容：

> 获得的信息越多，你就越能静下心来，所能收获的也就越多……所以如果你来自中国或者印度，并且你非常聪明和勤奋，那么你在如今这个新世界里会比过去 10 年或 20 年发展得更好。但是很多发达国家的人，虽然我不会说他们懒惰，但是他们的确不是特别勤奋。他们觉得自己基本上还过得去。我认为相对而言，这些人的收入已经开始下降了，因为他们过高地估计了自己所产出的价值。

| 好奇心的三个阶段 |

美国哲学家和教育学家约翰·杜威（John Dewey）在 1910 年提出了好奇心的三个阶段：第一个阶段是儿童时期想要探索和考察周围事物的欲望——与其说这是脑力活动，倒不如说是一种本能；第二个阶段，儿童的好奇心开始变得更加社会化，当他发现其他人是有用的信息来源后，就开始提出无穷无尽的"为什么"的问题，而具体的答案本身并不如这种收集和消化信息的习惯更为重要；在第三个阶段，好奇心被转换成"在观察事物和收集信息过程中所激起的对问题的兴趣"，在这一最终的阶段，好奇心变成了一股能强化个人与世界联系的力量，为个人经历添加了趣味性、复杂性和愉悦性。

杜威不认为所有人都能够达到第三个阶段。他认为好奇心是一种脆弱的品质，需要不断地付出努力才能维持下去：

> 对于一些人来说，他们的智力性好奇无论用什么都无法满足，但是对大部分人来说，好奇心则很容易就衰退了……有些人在冷漠与不经意间将其丢失，有些人则是在草率与敷衍中丧失了好奇心，还有很多人虽然没有这些问题，但却陷入了一种强烈的教条主义，这对于求知精神是同样致命的打击。

我并不同意互联网让我们变笨的说法。唯一能使你变笨或者变得冷漠的只有你自己。那些试图利用互联网来逃避知识积累的人将会忘记如何变得好奇，而那些懂得将互联网作为持续性智力探索的跳板的人，有可能在学校建树更多，在职场也会获得更多的成就。未来属于那些选择具有好奇心的人。

CURIOUS
The Desire to Know
and Why Your Future
Depends on It

06

提问的力量

| 提问改变人生 |

1990 年，丹·罗斯坦（Dan Rothstein）在马萨诸塞州一个名为劳伦斯的老工业小镇从事社区组织工作。这个小镇曾以兴隆的纺织工业而闻名，而如今，昔日的繁荣早已一去不复返了，取而代之的是高失业率和犯罪率，无数贫穷的家庭需要依靠社会救济来维持生计。罗斯坦负责一个降低辍学率的项目，他会接触到一些孩子不去上学的家庭，并试着将孩子劝回学校。他知道如果这些孩子在现在的年纪就放弃了学习，那将会对他们的前途造成无法弥补的伤害。

在罗斯坦所接触的家庭中，大部分家长都很有爱心也很善良，真切地希望自己的孩子能过上好的生活，但他们大都被艰难的生活压得喘不过气来。其中不乏大量的单亲父母，他们需要打两份工，甚至更多工，才能维持生计。通常，英语在那里只作为第二语言使用（小镇大部分人口属于拉丁裔），于是语言成为了家长们与自己孩子的老师或者社会福利工作者交流沟通的障碍。然而罗斯坦很快就发现，困难远远不只是语言的问题，似乎有什么东西阻碍了他们大声地进行自我表达。罗斯坦说道："他们愿意在接到通知后去学校见校长或者其他老师，坐着听完一场关于自己孩子出勤率的报告，然后便各自回家，然而他们对此问题的无力感从未得到过任何改善。"

在了解了上述情况后，罗斯坦找到了真正的问题所在。其实并不是家长不知道要问什么，而是不知道应该如何问。他们无法通过提问来获取有用的信息或获得行政官员的帮助。

于是，罗斯坦及其同事们便开始了援助行动。他们打算从给家长们编写出一个可能会用到的问题列表入手，可是他们很快发现，很难为每个具体的场景预先拟出合适的问题。有时候他们甚至会使情况变得更糟，因为家长变得越来越依赖于他们的帮助。

显然仅仅建议家长们问什么问题是不够的，罗斯坦和其他组织者需要教会他们如何自己提问题。罗斯坦解释说："提问是一项复杂而精妙的技能。出生于中产阶级家庭的人会从小学习提问技巧，之后进入精英阶层所在的专业领域（如法律或教育）继续深造这一技能。"我们并没有意识到自己在学习提问，因为我们从没有上过一门叫作"如何构建一个问题"的课程，也没有从父母那里听到过相关的讲解。我们是在生活的环境里学会的。

罗斯坦总结了几条关于如何提问的简单原则，比如如何问一个封闭式问题或者一个开放式问题。前者可以仅用"是"与"不是"回答，而后者则会引出与对话者更深入的交谈。他发现与他配合的家长们很快就领悟了那些要领并开始应用，且取得了振奋人心的成效。

罗斯坦意识到学会提问有着改变人生的潜在意义。它可以帮助每个家庭面对很多不同的场景，比如家长会、失业管理处，或者跟警察、商业服务者打交道等。他越想越觉得这项技能非常重要。他越来越坚信，提问对人类而言应是一项基本的能力。"你应该知道，它几乎是一种生理上的感觉，不是吗？"他说，"当你与一个偶然碰到的人别过之后，不禁会想'我多么希望刚才问了那个问题'"。

尽管我们天生都具有提问的能力，然而这一能力的高低却因人而异。

| 探索知识的通路 |

1930 年，心理学家多罗西娅·麦卡锡（Dorothea McCarthy）在明尼阿波里斯市研究了 140 名年纪在 18 到 54 个月的儿童。她记录下了每个孩子对研究者说出的前 50 句话，结果她发现，上层社会家庭的孩子比底层社会家庭的孩子会提更多的问题。这种阶层带来的差异从孩子 2 岁就开始凸显。

英国研究者芭芭拉·蒂泽德（Barbara Tizard）和马丁·休斯（Martin Hughes）在 1984 年所做的一项实验也得出了类似的结论。他们记录了许多 4 岁女孩在家与母亲之间的对话，同样发现中产阶级家庭的孩子在谈话内容中问问题的比例高于工薪阶层家庭的孩子。并且，中产阶级家庭的孩子尤其喜欢问由好奇心引发的问题，例如关于"如何"和"为什么"的问题。他们还更有可能让自己的母亲参与到被研究者命名为"知识搜索的通路"的实验当中，实验者会问一系列有关联的问题，每个问题都是由另一个问题推导而产生的。

蒂泽德和休斯记录下了一些中产阶级家庭的孩子与父母之间具有独到严谨性的对话。4 岁小女孩罗茜与她妈妈就为什么要付钱给窗户清洁工的问题进行了很长的交谈。妈妈回答说："窗户清洁工需要钱，不是吗？""为什么？"罗茜问道，她明显不满意这样的答案。"为了给他的孩子们买衣服和食物。"妈妈回答道。接着罗茜似乎挺在理地指出："不是所有的窗户清洁工都有孩子。"这样的交谈在如今服从意识逐渐减弱的社会习俗下并不少见。科学家和教育学家内森·艾萨克斯（Nathan Isaacs）在 1930 年曾写道，一个 4 岁左右的小女孩问她的妈妈："我们为什么不挤猪的奶呢？"妈妈回答道："因为它们需要喂养自己的孩子。"同样，这个小女孩也不满意妈妈的回答，它接着说："那牛也有小牛要喂养啊。"蒂泽德和休斯回应说："小孩子能够以敏锐的、无休止的逻辑来探求知识。"

为什么中产阶级家庭的孩子更有可能用问题来探寻他们的好奇心呢？不一定是因为他们能够得到更多的回答，因为蒂泽德和休斯发现，工薪阶层的母亲同样也会回答她子女提出的问题。原因是这些中产阶级家庭的孩子们被问了更多的问题。母亲对孩子提的问题越多，孩子相应地也能回问更多的问题。提问是具有传染性的。

1992 年，美国的一项研究提出了更多的证据来支持这一发现。研究者研究了 40 个孩子在家里与父母的谈话互动情况。他们发现在不同的家庭里，父母问孩子问题的数目存在着相当大的差异。问问题数目较多的情况往往是发生在父母与孩子以你来我往的对话形式进行交流时，父母会回应孩子提的问题，进而扩展开来一起讨论。而问问题较少的父母则更经常发出禁止的命令，比如"停"或"别那样做"等。若父母将语言作为工具来进行认知探寻而不是发号施令的话，那孩子往往会在耳濡目染中也做出同样的表现。

好奇心的差异不仅存在于各个家庭之间，也存在于不同的文化当中。2011年的一项研究记录了一群 3 岁和 5 岁儿童的日常会话。他们来自四个不同的洲：伯利兹城（拉丁美洲）、肯尼亚（非洲）、尼泊尔（亚洲）和萨摩亚（南太平洋群岛），但他们都居住在农村或是乡村小镇上。他们的家庭都很贫穷，父母都是农民或者低收入的劳动者。寻求信息的问题大概占据了他们会话中 1/10 的比例，这和美国儿童会话中的相关比例结果近似。然而，与之形成鲜明对比的是，美国儿童所提出的寻求信息的问题有 1/4 都是以"如何"或"为什么"开头的，这在非西方社会非常少见。事实上，大概只有 1/20。

这项研究成果的拥有者之一、人类学家罗伯特·芒罗（Robert Munroe）指出，在他们所观察的那些社会中，母亲往往向她们的孩子传递的信息是服从和恭敬。若认定孩子说错话或是做错事，她们几乎会毫不犹豫地严厉责骂甚至动手。与孩子的对话仿佛也只使用功能性的语句表示指令和安排，而不是交换信息和想法或者开玩笑。在这四个国家中，萨摩亚孩子寻求信息的问题所占比例最大，肯尼亚孩子寻求信息的问题比例最小。

保罗·哈里斯（Paul Harris）推测这种差异可能源于那些国家的教育水平。萨摩亚的父母更有可能在小时候上过学，因此在其成长的过程中伴随着用于信息交换的对话模式。"当他们最终成为父母时，就有可能重启这种模式，并将它作为自己培养孩子的一种指导。"这项研究同时也指出，人们在满足了温饱之后才有时间和精力去思考那些无拘无束的耗费脑力的问题。如果说生活在富足经济条件下的中产阶级家庭成员更具好奇心，那大部分原因就是他们能够承担得起这额外的"支出"。在衣食无忧且安全有保障这些基本需求被满足后，他们能将一部分认知资源用于追逐自己的好奇心。

| 不平等的童年 |

正如我们上面所看到的，中产阶级家庭的孩子比工薪阶层家庭的孩子更有可能学习到这样一种语言使用习惯，即将语言作为一种工具来满足和推动好奇心。这种习惯的欠缺不仅阻碍了贫穷家庭孩子的心智发展，还延续和加剧了他们一出生就身处的不利的社会地位。

来自美国宾夕法尼亚大学的社会学家安妮特·拉鲁（Annette Lareau）在过去的 20 多年里记录和分析了美国贫穷或工薪阶层家庭的孩子与中产阶级家庭的孩子有哪些差异。可以说，她在这方面所做的研究工作无人能及。这项研究的深度超越了事实与数据，直指社会阶层分化的现实。她的工作本身同时也是好奇心力量的又一次实证。

拉鲁的研究核心是密切的观察，密切到如同小说里的故事情节般的程度。她和她的团队与被研究的家庭一起生活了数周，与家庭里的父母、孩子谈论有关每天的日常生活以及自己的期望和担忧，并记录下这些信息。然而，他们真正在做的是观察。这种观察时刻地进行着。当早上一家人为新的一天做准备时，他们就已经开始观察；当孩子放学回家或吃晚餐及看电视时，他们还在继续观察。他们陪同家庭成员去参加运动、学校活动及看医生，见证了他们的争执、哭泣、拥抱、交谈、嬉戏和应付各种家务琐事的情况。

研究者们会记录下他们看到的所有情况。当对某个家庭的观察结束后，拉鲁便把他们的观察所得以及对此的思考整理成一个描述这个家庭日常生活真实情况的叙述性文本。同时，她还运用自己丰富经验及清晰的分析思路对这些材料抽丝剥茧，找出每个家庭成员之间的微妙关系，以及这些家庭与周边环境交互的方式有什么关键的相似和不同之处。

在基于大量的近距离的观察研究工作之后，拉鲁的结论是工薪阶层家庭与中产阶级家庭采用了非常不同的育儿方式。这一差异最终微妙但却强有力地导致了社会不平等性的永久存在。中产阶级家庭的父母往往追求"协同培养"（concerted cultivation）的观念。他们认为一定要坚持不懈地培养自己子女的才华，并会为之倾注大量的资源。他们会将家庭生活调整为以子女的需求为核心，为他们提供各式活动来最大限度地培养孩子各方面的特长。

拉鲁曾住到威廉姆斯的家，并同时收集了许多材料。在此基础上，她写出了一本很具影响力的书籍《不平等的童年》（Unequal Childhoods）。威廉姆斯一家住在城市里，有一个布置得非常豪华的家。这个城市被拉鲁称为"美国东北部的一个大城市"。威廉姆斯夫妇都受过大学教育。儿子亚历山大·威廉姆斯在当时只有9岁，是一个快乐、阳光、活泼的小男孩。在一周里，亚历山大会去参加钢琴培训、合唱排练、主日学（Sunday school）①以及棒球、足球训练和其他运动的训练。父母在他很小的时候会读书给他听，现在则是鼓励他自主阅读。此外，父母还会帮助他完成学校的功课，在共进晚餐时让他参与一些锻炼脑力的对话，并且不停地鼓励他让他说出自己的想法、观点和感受。他们都各自从事着耗费精力的工作，但生活的重心依然是在他们的孩子身上。

工薪阶层家庭所追求的育儿方式更多的是拉鲁所谓的"自然成长"模式。尽

---

① 主日学是基督教教会每周日早上在教堂或其他场所进行的一种宗教教育课。——译者注

管他们对子女的关爱并不比中产阶级父母的少，但却不会花很多时间、精力及费用去培养子女的才能，也较少让他们参与到有组织的活动当中去。这也可能是出于无奈，因为贫穷的父母需要努力去挣钱才能维持家庭生活。如果还能有剩余的金钱、时间和精力送孩子去学钢琴或给他们读书，那就算幸运的了。工薪阶层家庭里的孩子可能更多的时间是在自娱自乐。

拉鲁并没有更赞同或不赞同哪一种育儿方式。在自然成长模式的家庭环境里长大的孩子通常都很快乐，他们的生活体现着一些我们对童年的完美构想：长时间地做着白日梦，其他什么都不用想，独自或者与朋友一起玩上好几个小时属于他们自己的游戏。而拉鲁的研究发现，中产阶级家庭里的孩子在无所事事时更容易有挫败感，而且他们的权利意识常会以令人不快的方式显露出来。

拉鲁说，毫无疑问，在"协同培养"方式下长大的儿童能在将来更好地适应现代社会对成年人的要求。现代职场，甚至包括教育机构在内的公共部门都会给予那些果断、自信且有着强大语言和推理能力的个人更高的奖励。"协同培养"让孩子们学会的最基本的技能就是如何提出自己的疑问。

当威廉姆斯夫人带着亚历山大去做常规身体检查时，拉鲁也一同前往。在去的路上，威廉姆斯夫人对她的儿子说："亚历山大，你应该想想一会儿要问医生一些什么问题。你可以问他任何问题。不用害羞，什么都可以问。"亚历山大琢磨了一下，然后说："我在腋下涂了除臭剂之后长了一些小包。""真的吗？"妈妈问道，"那你的确应该问问医生。"之后在检查室里，医生开始按照常规程序一一做检查。在量完身高后，他指出亚历山大的身高是在 95% 的位置上。

亚历山大打断医生问道："我在什么上？"

医生回答说："这就是说当你 10 岁时，在 100 个跟你同龄的小朋友中，你比 95 个小朋友高。"

亚历山大接着说："我不是 10 岁。"

医生回答说："呃，他们按照 10 岁的生长曲线来给你做的比对。你现在 9 岁 10 个月，通常他们都是取最近的整岁来进行计算。"

拉鲁并不是想表达亚历山大在这个对话中显得没有礼貌，而是想指出用自己的疑问来打断某个权威人士的做法，体现了一种自信的好奇心和对自我价值的认可。这种行为大概只会出现在中产阶级家庭里长大的孩子身上。

拉鲁说，中产阶级家庭的孩子能利用他们更优异的语言能力去定制任何自己所在的场景。在之后的人生道路中，无论是求学的过程还是进入社会开始工作，这都会使他们获益匪浅。来自中产阶级家庭的成年人善于将抓住的机会最大化利用起来，并且他们获得的机会本身就比工薪阶层的人多。他们有着将形势引导为如自己所愿的技能。而来自工薪阶层家庭的成年人往往就像丹·罗斯坦在马萨诸塞州所调研的那些人一样，不懂得主动向那些能够改善他们的生活状况的机构寻求帮助，还老摆出一副事不关己的样子。

记录威廉姆斯家庭生活时还有另外一个小故事。有一次，亚历山大和他的妈妈在厨房餐桌上讨论一项家庭作业，而他的爸爸在一旁洗碗。当爸爸开玩笑说他应该从书里复制一些答案时，他故意虚张声势，吓唬他爸爸说真会采纳这个建议。

于是他的爸爸连忙反对，妈妈也对他说："有一个词形容这种行为，你知道吗？剽窃！"亚历山大明确地说他知道这个词，并在他们的谈话中引出了"版权"这个概念。然后一家人便开始就版权的定义展开讨论（他们三个都立刻开始滔滔不绝地说）。这种类型的对话往往是中产阶级家庭里的家常便饭，它潜移默化地培养了孩子的好奇心以及追求这种好奇心所需要的表达上的自信。

当然，工薪阶层家庭的孩子不是天生就不够好奇。事实上，拉鲁曾在一封发给我的电邮里说过，工薪阶层家庭的孩子可能有更多的机会来表现出发自内心的好奇，因为他们不像中产阶级家庭的孩子那样被放在温室里，每天的生活都被安排得满满的，因此他们就能有更多的时间去追寻一时燃起的兴趣。拉鲁告诉我，当这些孩子真的找到了自己热爱的东西时，他们更有可能去掌握它。她说："在极少的情况下，如果一些工薪阶层的孩子能够报名参加一些有组织的活动，那他们就会在整个过程中表现得非常积极主动，会比中产阶级家庭的孩子更能充满由衷的兴趣和热情。"[①]

但是中产阶级家庭的父母更擅长给他们的孩子循序渐进地灌输提问的习惯。他们会经常测试孩子，也会让孩子来自测。拉鲁说，通过这样的方法，他们就能训练孩子保持好奇心。

就算我们在孩提时代有着问问题的好习惯，成年后也很容易丢失或者在关键时刻忽略了这样做。经济学教授罗伯特·米特尔施泰特（Robert Mittelstaedt）在他的著作《关键决策：阻止错误链摧毁你的组织》（*Will Your Next Mistake Be Fatal?*）里提到，不及时提出疑问经常是导致灾难的根本原因。他引用了史上最著名的一个灾难为例——泰坦尼克号的沉没。当它开始了首次航行后，便收到了来自附近关于冰山的报告。"泰坦尼克号收到了很多冰山警告的信息，但是却没有作出回应，来寻求更新的情况或者更多的信息。要是有人好奇地问一下自己区域里的其他船只，结局会怎样呢？"在灾难发生之后，多名泰坦尼克号的筹划者和设计师都承认他们曾经对安全性有过疑问，但却没有对同事提起，只因怕所提的问题显得很可笑。

问题可以把好奇心武装成为一个改善行为方式的工具。《问对问题，做对事》（*Leading With Questions*）一书的作者迈克尔·马奎特（Michael Marquardt）引用了陶氏化学公司（Dow Chemical）前首席执行官麦克·帕克（Mike Parker）的

---

① 这也许可以帮助我们理解为什么那些在安排紧凑、提倡超前教育的学校里，表现非常好的学生在离开了学校之后很难获得进步。为美国贫困区儿童提供教育的KIPP特许学校，以帮助那些无力完成大学预备课程的学生而著称。他们的策略是尽可能多地占据孩子的时间，所以他们每天有更多的课时数及更短的课间休息，并且还紧凑地安排了各项课后活动、精神辅导课程等。然而，KIPP的学生进入大学后会有高于平均值的辍学率。导致这样的结果有很多原因，其中之一可能就是完成大学学业比完成高中课程需要更高的自主性，尤其对于那些一直掌控学生注意力的高中来说，尽管它们的初衷是很好的，事实证明也有显著成效。

一段话：

　　许多糟糕的领导与管理都源于没有能力或者不愿意提问题。我见过一些智商在我之上的很有天赋的人才无法胜任领导的职务。他们很有学问，能旁征博引、侃侃而谈，但却不太擅长问问题。所以尽管他们的知识水平在一个很高的层次，却不知道自己管理系统的底层正在发生什么。有时候他们惧怕问问题，不曾意识到哪怕最傻的问题都可以起到很大的作用，因为这样的问题可以打破交流的屏障。[①]

　　2002年2月，时任美国国防部长唐纳德·拉姆斯菲尔德（Donald Rumsfeld）召开新闻发布会，讨论美国施加给萨达姆·侯赛因政权的巨大压力。会间，拉姆斯菲尔德被问及是否有任何有力的证据证明伊拉克政府拥有大规模杀伤性武器并支援恐怖组织。他的回答包含了一个日后成为其经典名言的复杂的系统性阐述："据我们所知，有已知的已知，也就是说有些事情我们知道我们知道。我们也知道，有已知的未知，也就是说有些事情我们知道我们不知道。但也存在未知的未知——那些我们不知道我们不知道的事情。"

　　在当时，这段陈述遭到大家的讥笑，被认为是拉姆斯菲尔德脑子糊涂才说出的绕口令。尽管大多数人认为这标志着拉姆斯菲尔德领导的对伊拉克行动的失败，但后来这一阐述却被多次地重新审视。语言学家杰弗里·普勒姆（Geoffrey Pullum）将它描述为"在语法、语义、逻辑及修辞上都是无可挑剔的"。拉姆斯菲尔德也曾谈及美国情报机构的权限问题，他同样提到如何思考我们的知识缺口问题。美国对伊拉克的占领行动所遭遇和制造的灾难性问题都被完整记录在案。布什政府严重低估了维持伊拉克秩序所需要的军队数量，也高

[①]　当然，不是所有的问题都是用来引出信息的。有时候甚至在无意识的情况下，我们会以问题作为掩护来委婉表达不愿直截了当说出来的陈述，例如用"你无法胜任这项工作吗"这样的问题来证明自己是多么地聪明或别人是多么地愚蠢。组织心理学家及管理咨询师罗杰·施瓦兹（Roger Schwarz）提醒我们："只是提问是不够的，你需要有一颗真正的好奇心。"他建议他的客户使用一种名为"你这个傻子"的小技巧。也就是在提问之前，先在脑子里面过一遍要问的问题，并在问题的末尾加上"你这个傻子"几个字。如果这个问题依然听起来挺自然的，就不要问了。

估了当地政府及机构在战争后还能正常运转的可能性。美国记者詹姆斯·法罗斯（James Fallows）在《大西洋月刊》（the Atlantic）上发表了一篇经详尽调查后写下的文章。文章里提到布什内阁并不是没有收到关于这些问题的警告，而是故意地忽略掉，尽管有些警告还是来自内阁内部。

美国国务院里一批有经验的伊拉克及中东问题专家曾提交了许多篇幅很长的报告，预先指出美国在入侵后可能将要面对的问题，包括萨达姆武装力量转向游击战役的撤离、伊拉克基础设施的大面积毁坏，以及那些能保持国家运转的人同样也是萨达姆政党成员这一事实。然而，这些报告及其报告者们都未被予以理会。布什、拉姆斯菲尔德及切尼在制订计划之后便想要坚决地执行下去，这就使他们完全不会对任何质疑这个计划的声音感到好奇。他们没有去问那些应该问的问题，因为他们不想知道自己的信息缺口所在。拉姆斯菲尔德所号召的要考虑"未知的未知"并不荒唐，事实上非常明智。但是可悲的是，他并没有按照自己的建议去行事。

| 提问在商业中的重要性 |

我们经常可以看到，很多小公司在成长为大型企业之后，他们的创造力及前进的动力就渐渐降低了，对企业的生存环境的感知也变得迟钝了。他们往往会基于不完整的信息做出不佳的决策，还常常使自己陷入与同行或客户的误解之中。他们的视野几乎被缩小成隧道般狭窄。导致这种局面产生的一个原因是在官僚主义形成之后，高级管理人员经常会受到一种无形的"鼓励"，从而让他们停止问问题。弗朗西斯·培根爵士的至理名言被颠覆了，变为"无知就是力量"。

2010年10月，前法国兴业银行交易员热罗姆·凯维埃尔（Jérôme Kerviel）被判入狱5年。在这之前的两年中，他所完成的一系列交易导致银行承受了将近70亿美元的损失。在这一事件曝光后，兴业银行的高层们就发表声明称凯维埃尔完全是暗箱操作，他们对于他的行为毫不知情，更不可能授权。但凯维埃尔却坚持声称，一直以来他的经理们都知道这些情况，只要他还在盈利，他们便会睁一只眼闭一只眼。他的经理们当然对此予以否认，并且也无从证明他们知道。在 2011 年和 2012 年间发生的新闻国际公司（News International）窃听丑闻也带来了类似的争议。以詹姆斯·默多克和他的父亲鲁伯特·默多克为首的高官们都纷纷强烈表示全然不知道自己的员工的所作所为，不惜将自己置于仿佛与这个公司完全脱节的难堪境地。在法国兴业银行和新闻国际公司里，知道什么事情不该知道这本身就是一种必备技能。

埃塞克斯大学（University of Essex）的社会学家林赛·麦乔伊（Linsey McGoey）一直在研究"策略性忽视"（strategic ignorance），也就是在某些情况下，保持无视比积累知识更有利。保持无视是一个故意而为的选择，可以被用来强化先入为主的偏见和歧视。麦乔伊以美国司法部在 1986 年所作的一个裁决为例。当时正处于艾滋病的高度恐慌期，这一裁决规定雇主可以合法开除患有艾滋病的雇员，只要能够声明并不知道艾滋病对工作场所没有构成威胁这一既定医学事实。

故意忽视的策略经常被那些希望守住自己权力的人所采纳。这种现象在大型机构里表现得尤为明显，因为管理者层级复杂，所以他们的首要目标不是创新或者提高效益，而是保住自己的职位。正如麦乔伊所指出的，"策略性忽视"在 2008 年金融危机中扮演了重要的角色。那些银行家们并不是没有看见灾难将要发生的警示，而是选择了无视。在那场金融危机中倒闭的银行，其董事会成员都是一些经验老道的执行官，他们知道公司有一部分高风险的投资，本来名义上是由他们负责，但他们却故意选择不予关注，以防影响到自己的权力和获益。

成功能滋生故意忽视的行为。企业越壮大，就越容易无视困难的问题，这仿佛已经成为了一条商业规则。为什么要质疑那些（明显）可以运行的东西呢？克莱顿·克里斯坦森在其经典商业类著作《创新者的窘境》里阐述了一些最精明的公司是如何因为不再为改善而殚精竭虑，从而最终导致失败的。市场导向的公司会因为非常成功地迎合了客户需求、售出了自己最能盈利的产品或服务而忽略了对自己没有吸引力的低端市场的动向。规模小一些的竞争对手会向市场提供相对廉价的替代品，并通过不断探明客户需求的变化来驱动前进。这就使他们更具有创新性，并且能够生产出廉价但具有效果的产品，渐渐瓦解并最终推翻大公司的市场优势。不断提问是弱势一方抗衡强势一方最有力的武器，但这仅仅是因为强势一方单方面缴械了的缘故。

迈克尔·马奎特总结了四个当我们应该提问却未提问的原因。第一个原因是我们会有自我保护的意图，不愿让自己看起来很傻。还记得有多少回当你和别人聊天时，心中有个很困扰的疑问却因为担心自己受到嘲笑而不敢问出来，但它其实是一个很好的问题，因为有另一个人提了出来并引发了大家纷纷赞同的低语。更糟的情况是，这个疑问没有被任何人提起也就没有相应的解答，之后就真的演变为一个本可以避免的麻烦。第二个原因是我们太忙碌了，而好的问题需要时间来孕育和成形。当我们被太多事情缠身时，就只能专注于完成任务，而不愿花时间和精力去思考和提问。第三个原因在于有些文化环境并不鼓励提问。在独裁国家里，因为内心的好奇而激发出的疑问是被压制的。在一些饱受"群体盲思"［groupthink，由心理学家艾尔芬·詹尼斯（Irving Janis）提出的概念］困扰的机构里，提出不合时宜问题的人会很快感受到被排挤。甚至在那些崇尚不同观点的文化背景下，也有一种不易察觉的禁锢力量在起作用。社会发展趋势研究专家丹尼尔·杨克洛维奇（Daniel Yankelovich）认为，美国的文化主张急于行动。他说，通常唯一能引起注意力的问题就是"我们打算如何处理这个问题"。第四个原因是我们普遍缺乏提问所需的技能。

提出好的问题可以打开一个振奋人心的"已知的未知"的新世界，从而激发我们的求知欲望。加利福尼亚州一个六年级的学生对丹·罗斯坦说道："当你认为自己知道了所有需要知道的东西时，如果再问另一个问题，你就会发现还有更多的知识需要去学习。"

CURIOUS
The Desire to Know
and Why Your Future
Depends on It

07

博学的重要性

| 米特拉的实验 |

1999 年，苏加塔·米特拉（Sugata Mitra）在新德里的一所学院向一些来自中产阶级家庭的学生讲授计算机编程课程。学院旁边就是一个贫民窟，他可以在办公室里看到其全貌。从窗户向外望去，他会不时地思考：在这如此拥挤的贫民窟里长大的孩子们，是否有机会使用电脑？如果是，他们又会用电脑做些什么呢？

下课后，米特拉的那些富裕阶层的学生们会讲起他们孩子的事情，夸耀自己成绩优异的子女是如何使用昂贵的计算机做一些不可思议的事情的。这给米特拉留下了很深刻的印象。但有一天，他忽然想到一个问题，让他久久不能平静："怎么可能只有这些有钱人才会有天赋异禀的后代呢？"

这个问题令他进行了一场即兴实验。米特拉在贫民窟的围墙上挖了一个洞，将一台事先连好网的电脑的显示器和鼠标固定在洞中离地大约一米二的地方。

贫民窟里的孩子们慢慢聚集过来，睁大眼睛问："这是什么？"米特拉耸了耸肩假装不知道，然后走开了。

八个小时以后，米特拉回到了实验地点。它发现孩子们正围在电脑周围熟练地上网。这一幕让他惊呆了。这些孩子从来没有接触过甚至没有见过电脑，他们是如何在这短短的几个小时内就学会了使用互联网的方法呢？他把这件事告诉了他的同事们，其中一位同事给出了一个简单的解释——可能刚好有一位老师经过，并且教会了孩子们怎样使用鼠标。米特拉心存怀疑，但还是勉强承认这是一种可能性。之后他在距离新德里五百公里处的一个村庄重复了这个实验。那里是印度偏远的农村地区，一位软件工程师碰巧经过的概率非常低。

知识与理解的关系，就如同光与眼的关系；孩子们对它充满热爱，尤其是当他们看到我们是如何对待他们的发现，以及我们是如何鼓励和表扬他们的求知欲的时候。

约翰·洛克（John Locke）

当米特拉两个月后回到村里时，发现孩子们正兴致勃勃地用电脑玩游戏。"我们想要一个更快的处理器，"孩子们跟他说，"和一个更好的鼠标。"当米特拉问起他们是如何学会使用电脑的，他们气鼓鼓地解释说，因为米特拉给他们装的电脑只有英文系统，所以他们只好先自学了英语才能来使用它。

米特拉在印度农村的不同地区多次重复了这个实验，每次得到的结果都是一样的。摄像机记录下了其中一个实验地的儿童们学习使用"洞中电脑"的过程。录像显示，他们互相教授使用方法，朋友教会朋友，弟弟教会姐姐。米特拉将自己的发现撰写成一系列的论文，并总结道："将一台使用任何语言系统的电脑留给一群孩子，只需要九个月的时间，他们对电脑的使用就可以达到一名办公室秘书的标准。"

在这之后，米特拉萌生了一个更为大胆的问题：在南印度村落中生活的说塔米尔语的儿童们，能否通过一台放在街边的装有英文系统的电脑，学习到一些有较高认识要求的知识呢？米特拉认为这是不可能的，但是他希望这个结果至少可以让雇用更多的教师成为可能。他选择了一个村庄，安装了一台电脑，并下载了有关 DNA 复制的资料，然后便把这台电脑留给了孩子们。两个月后他返回到村庄，对孩子们进行了测试，结果他们并没有及格。又过了两个月，孩子们告诉米特拉他们还是没有任何进展。他并没有感到惊讶，直到一个小女孩举手并站起来，用塔米尔语和蹩脚的英语说："我们除了知道 DNA 分子的非正常复制将导致疾病以外，其他什么都没学到。"

米特拉意识到虽然孩子们的分数没有及格，但是在不知不觉中，他们的确在进步。他决定为他们找一位辅导员，就请了一位在当地生活并熟悉这些孩子的年轻女会计来帮助他。会计告诉米特拉，她对 DNA 复制一无所知。米特拉建议她使用"外婆方法"——在孩子们玩电脑的时候站在他们身后，发出赞许的声音，并且问他们在做什么。

又过了两个月，孩子们的分数达到了 50 分。这些生活在泰米尔纳德邦贫穷村庄里的孩子们，达到了实验控制组的那些孩子的分数，也就是新德里私立学校中的孩子，他们的父母正是如米特拉编程课上的学生们那一类人。

米特拉现在是英国纽卡斯尔大学（Newcastle University）的教育技术教授。他相信南印度的孩子们给了我们一个重要的启示：现在是时候改变我们的学习方式了。他说，我们的教育体系的设计是为了满足一个现在已经不复存在的需求。我们的学校善于制造高效的管理者来经营一个帝国，却不善于培养好奇的学习者。

> 最终，那一丝曙光降临了。
> 查尔斯·达尔文

互联网已经使传统意义上的教师（传输知识的成年人）没有了用武之地。所有的学习都可以通过与泰米尔纳德邦的孩子们学习 DNA 复制知识时一样的途径，再加上宽带网络和来自朋友的一点帮助就行。

米特拉的研究在他的 TED 演讲之后变得广为人知（我的叙述即改编自他的演讲）。在演讲的最后，他提出互联网的出现急需一种关于人类认知能力的革新性的概念。这一概念最早由技术预言家尼古拉斯·尼葛洛庞帝（Nicholas Negroponte）提出。互联网的无限存储能力意味着我们将不再需要把所有事实和信息都装在自己的脑子里。学习不再是记忆各种知识，而是自由地去探索知识。用尼葛洛庞帝的话说就是，"博学已经过时了"。

| 好奇心驱动的教育 |

学校是好奇心的熔炉，它既可以锻炼儿童用力量与筋骨去追寻初出的求知欲，也可以任凭其消散殆尽。如果你像我一样关注好奇心在社会中所扮演的角色的话，那么你一定也听说过关于学校的目的和意义何在的长期争论。分歧之处在于：学校到底是一个成年人向儿童教授社会认为有用的知识的地方，还是一个任凭儿童随意追寻自己好奇心的地方？

米特拉教授提出的"技术推动教育改革"的观点可以从这一长期的争议中得到最好的体现。虽然"博学已经过时"的主张听起来具有激动人心的未来感，但其根源能够追溯到几个世纪以前一种被称为"好奇心驱动的教育"（curiosity-driven education）的想法，即认为学生基本上不需要记忆成人传授的学术知识。这一想法是如此具有吸引力，以至于每一代人都会将它重新演化一遍。

米特拉没有提到过他的思想渊源，但是他的大部分论点都可以追溯到一个人身上——18 世纪末掀起的一场被后人称为"浪漫主义运动"的发起人之一让-雅克·卢梭。他在 1762 年的《爱弥尔：论教育》（*Émile: Or, On Education*）一书中，用一个虚构的、名叫爱弥尔的男孩来说明儿童可以不需要成人的干预就可以学到他所需要的一切知识。天生的好奇心就是儿童最好的老师。"让我们……尔略先前所学的知识，因为它们对我们没有天然的吸引力，转而关注于那些使用本能来推进的学习，"卢梭写道，"儿童不应该通过语言传授的课程学习，仅应该通过经验主义来学习。"

根据卢梭的观点，成年人的问题在于他们太爱将自己非自然的、独断的知识强加给孩子。他问道："在他们的大脑中刻上一串对他们来说毫无意义的符号究竟有什么意义？"学生们也许可以背诵那一串事实，但却没有理解。这些嵌入他们大脑的事实，迟缓而无用，只会破坏他们的思考能力。让学生学习与他们的个人经历格格不入的信息，是对他们本性的一种侵害：

　　不，如果大自然给予了孩子大脑的可塑性，让他能够接收各种各样的印象，那么你就不应该在它上面刻上国王的名字和登基日期、纹章学的术语、地球和地理知识。所有那些字眼对孩子而言，在当下没有意义，在以后也没有用途，只会淹没他悲伤而贫瘠的童年。

卢梭是一位观点独到的思想家，也是作家中的领军人物。他提出的"儿童天生的好奇心会被成年人的教育方法所抹杀"的观点是经久不衰的社会迷因——一个能够不断再现的思想。在接下来的两个世纪中一直延续至今，爱弥儿的故事被不同的作者以不同的方式重新讲述。虽然版本、语言文字和出发点各不相同，但最终都重现着同样的主题。

19世纪后期和20世纪，许多思想家和教育家们创立了进步教育学校，其核心原则是教师不得介入儿童与生俱来的对探索和发现的热爱。传统的教学科目如历史、语文和算数被降低了比重，毕竟只有极少数的儿童对它们天生感的兴趣。教育的重点转变为"在工作中学习"，也就是动手实践而非口头传授。指令性的教育被禁止或者受到限制，转而鼓励儿童玩耍和自我表达。

玛丽亚·蒙台梭利学校（Maria Montessori School）是这种进步主义哲学最负盛名的例子，拉里·佩奇和谢尔盖·布林都上过蒙台梭利学校，并且称赞蒙台梭利的精神气质对他们的成功有所帮助。20世纪70年代，一位具有影响力的巴西教育家保罗·费列罗（Paulo Freire）曾批评那些填鸭式的教育，即向学生灌输与他们的存在经验无关的知识。他说，教育不是把学生当作储蓄知识的银行，而是帮助他们建立起自立能力。

进步主义的当代版本总是与学习能力（有时被称作高阶能力、思维能力或者最近也被称为"21世纪能力"）一词联系在一起。蒙台梭利与其同时代的人坚定地崇尚教育与学习这一过程本身，而学习能力的倡议者们则更关注于学校如何让学生适应将来工作所面对的社会环境。两者都认为，学校不应该花这么多时间来教授关于具体对象的具体知识，而应该专注于提升学生的抽象思维能力，如创造力、解决问题的能力、批判性思维以及好奇心。这些能力能够训练学生们应对未来所发生的任何困难。

这一哲学思想已经深入教育界的主流。每当你听到赞扬学生自己掌握了学习的主动性，或者批评教师花太多的时间授课而不是允许学生表达自我的时候，其背后都是这种思想的支撑。在英国某教育工会的网站上发布的一份报告直接说明："21 世纪的教学大纲不能将传授知识当作核心内容。"

近几年来，学习能力目标被技术预言家们与火热的硅谷式创业和 DIY 精神联系起来。维基百科与谷歌的时代可能是卢梭梦寐以求的。任何一个拿着 iPad 的孩子都可以凭自己的意愿探索全世界的知识，而不需要老师的干预。教育咨询师肯·罗宾逊爵士（Sir Ken Robinson）说："孩子们不需要人帮助他们学习……他们生来就有对知识的贪婪的渴望……而一旦我们开始填鸭式教学，这种渴望就开始消散。"既然互联网让我们不再需要记忆事实，学校就完全可以关注于培养学生的学习能力。

这听上去像是个现代的想法，但与爱弥儿的思想如出一辙：工业化扮演着如敌人一样的角色（传统学校总是被冠以"工厂"之名），传统的教育方法也备受怀疑，人们夸赞儿童无拘无束的好奇心来强调个人体验的重要性。"21 世纪能力"的讽刺之处在于，它所体现的教育思想最初出现在法国处于帝国时期，而美国处于被英国殖民时期。

学习能力的倡议者们通常不会承认他们的思想渊源。这虽然奇怪，但也情有可原。但让人难以理解的是，虽然他们的思想因为与现代科学对学习行为的认识相矛盾而被一次又一次证明是错误的，但总是被一再地重新提出，就好像每一次都是新鲜、闪亮，能爆发出无限可能性一样。我们现在知道卢梭是错误的，儿童好奇心的机制与他及其同时代的人所认为的那样完全不同。他的想法很诱人，但是之所以会被不断地重新提出，是因为它并不起作用。

| 对学习的三大常见误解 |

为了理解背后的原因，让我们来讨论好奇心驱动教育的支持者们对学习的以下三个常见误解。

误解 1：儿童不需要教师的指导

那些认为教育性的指导会抹杀儿童天生好奇心的人忽略了人类本性的一个基础——作为一个物种，我们向来依赖于我们的前辈和祖先所给予的知识。我们这一代人不需要重新发现如何使用火或者如何建起摩天大楼。每一位科学家都站在巨人的肩膀上，每一位艺术家都属于或对立于某个传统。最近，婴儿向他周围的成人学习语言被发现与保罗·哈里斯所称的"古老的导师制度"有关系。

儿童依赖父母的时间比其他哺乳动物要长得多。这间接地证明了人类天生就应该从成人那里学习，而不是独自探索。无论在哪一种文化背景下，成年人都会教育他们的子女，尽管指导的方法和范围不尽相同。哈里斯引用了利比亚的一位格贝列人（Kpelle）父亲的话："当我砍灌木的时候，就会给孩子一把砍刀，让他也学习如何砍灌木；如果工作变得太难，我会教他如何简化。"这种对下一代细致的教育方式融入了我们的遗传基因，与当代人对人类本性的曲解不同。反而是卢梭构想让爱弥儿在一个彻底隔离的环境中学习，才背离了人类的本性。

大量的经验性证据表明"无指导学习"一词是一种矛盾修辞。加州大学的认知科学家理查德·迈耶（Richard Mayer）调查了 1950 年至 1980 年间进行的研究，对比了无指导学习与传统方法的差异。在每一个案例中，儿童在成人指导这一旧方法中的表现都超过了实验性教学。迈耶强调，同样的思想换成不同的名字（发现式学习、经验式学习、构造主义）在过去几十年中层出不穷，尽管每次都表现得不是那么有效。

当然，教师不仅为学生提供学什么和怎么学的直接指导，而且这还应该是他们工作的核心。研究者约翰·海蒂综合了超过 800 项关于成功的教学方法的分析。从教师的角度来看，三个最强有力的、最可能推动学生成功的教育方针是反馈、指导的质量和直接指导。换句话说，当传统教学（即成人向孩子传授知识）遇到一位好老师时，就是高度有效的。这本是显而易见的事情，但当海蒂向接受教育培训的学员展示这一结果时，他们显得很震惊，因为他们通常被告知直接指导是一件坏事。

而且，当儿童缺乏成年人所传授的知识时，他们天生的好奇心其实并不能充分地发挥出来。Babylab 的研究表明，认识性好奇是一种"做好学习准备"的状态。除非儿童的认识性好奇最终被知识的供给所满足，否则它将很快消退。如果学生在学习的时候没有被给予直接指导，那么他们很可能会气馁、迷惑，甚至相信错误的结论，从而危害到将来的学习过程。互联网对此也无能为力，反而可能会使事情变得更糟。假设有一群学生想要学习达尔文进化论，但是手中只有一台连网的电脑，有多少学生会得出"进化论是撒旦的阴谋"这一结论呢？一些学生也许会学到一些宝贵的知识，但是途中会损失大量宝贵的时间要从虚假和无意义的信息中甄别出有根据的讨论。虽然培养儿童独立学习的能力是重要的目标，但是如果儿童被要求直接从独立学习开始，那他们不可能走得太远。

学校与教师同样应该告诉儿童要学习什么，以指导他们接触那些虽然他们自己暂时觉得乏味，但是家长和其他人认为他们应该学习的东西。"意外之得"在人童年时期的学习中发挥着重要的作用。教师们可以帮助学生偶然发现他们以前不知道自己会感兴趣的知识（即所谓的"未知的未知"）和那些最初接触时觉得枯燥或者困难的科目。如果你翻开《哈姆雷特》的第一页看到的只是通篇的胡言乱语，又如何会认为自己将热衷于莎士比亚的戏剧？一个能够解读这些胡言乱语，并且说服学生应该坚持下来的老师，也许能够改变学生的一生。儿童需要得到一定的信息才能理解到自己的信息缺口，有时这需要非常明确的指导。否则，我们将会让他们由于无知而陷入到永远的冷漠之中。

当然，在某些学校和某些课堂上，缺乏想象力的老师可能没有努力让教学内容变得有意思而强迫学生死记硬背，这就扼杀了学生的好奇心。然而，因这部分老师的做法而得出所有的教学指导在原则上都是错误的，是一个在错误方向上的野蛮跳跃。文化延续的载体需要英明而熟练的掌舵人。如果我们的下一代将会成为他们所出生的这个社会的掌舵人，那么我们就应该帮助他们找到舵轮。

误解 2：事实抹杀创造力

TED 论坛将所有的演讲视频都免费放在网上，演讲者包括国家元首、摇滚明星、诺贝尔奖获得者和亿万富翁。然而点击量最大的视频是一位和蔼的中年教育咨询家的演讲。他来自利物浦，在登上 TED 舞台之前，几乎无人知道他。

肯·罗宾逊爵士在 2008 年有关教育改革的演讲《学校是否抹杀了创造力》突破了 400 万的点击量。罗宾逊爵士在演讲中引用了这样一项事实：随着儿童逐渐长大并在学校里的年级不断升高，其标准创造力测试的分数却在降低。他的结论是儿童天生就是好奇的、具有创造力的个体，而工厂式的学校反而让他们变得木讷。他们被灌输了太多的学术知识，而自我表达方面却没有得到多大的提升。罗宾逊爵士显然深切地关注着儿童的幸福感，并且他也是一位出色的演讲家，他对于创造力的论述引人入胜，然而却几乎完全没有根据。

创新始于跨界。苏格兰启蒙运动哲学家大卫·休谟指出，"黄金"与"山"这两个概念本身平淡无奇，但是"黄金山"听上去就很有意思。罗宾逊等进步教育家批判已有知识是新思想的敌人。但是从最基础的层面来看，我们所有的新想法都来自旧的想法：为了想象出一匹插着翅膀的马的图像，你必须首先熟悉翅膀和马的概念；为了发明智能手机，你首先要知道电脑和电话。知道的知识越多，这种新的跨界就越多，参照物和类比也就越多。事实是关于世界的一种想法，可以找到很多方式对其加以应用。

我们将儿童的好奇心浪漫化是因为我们喜爱他们的无邪，然而创造力并不是凭空产生的。成功的发明家和艺术家会花很大的力气来积累大量的知识，这才使他们将来的创造变得轻而易举。在掌握了领域内规则的基础上，他们才有可能集中精力去改写它们，不断地融合各种想法和主题，创造新的类比，发现不寻常的模式，直到实现创造性的突破。

研究创新的人们发现，科学家和发明家作出突破性进展的平均年龄段正在逐渐上升。由于知识在世代更替中慢慢积累，个体需要更长的时间去掌握，相应地，达到能够更新和补充原有知识的层次也需要更久。① 即使是天才，也需要在自己的领域中积累多年的知识才可能创作出杰作。典型的例子就是神童莫扎特在他开始音乐事业后的第十二年才写出了第一部传世之作。史蒂文·平克（Steven Pinker）这样说道："天才都是书呆子。"没有了包括事实性知识在内的知识积累，一个孩子就像雕塑家没有了粘土——他虽然具有创造力，但这种创造力却徒有其名。

下面是一些有关人的好奇心被事实性知识所填补的示例。

莎士比亚接受的小学教育大概会使罗宾逊爵士感到很震惊。学校的学生们被要求通过重复的背诵来学习上百种拉丁文的修辞方法。他们还要熟悉那些跟他们生活经验毫无直接关系的古代文章，如塞内卡和西塞罗的作品。历史上没有关于莎士比亚是否喜欢上学的记录，但是很显然，学校并没有压制他的创造力。这不仅仅是因为他是有史以来著有伟大作品数量最多的作家，而且按照莎士比亚研究专家雷克斯·吉布森（Rex Gibson）的说法："莎士比亚在学校中学到的所有东西都在他的戏剧作品中以某种方式体现出来……他的戏剧性思维的推进力，即是我们现在认为毫无价值的背诵和不断的练习。"

保罗·麦卡特尼（Paul McCartney）出生于一个工薪阶层家庭，曾在一所传统学校上学，成绩优异，尤其擅长英语和拉丁语。加入披头士乐队以后，他说："我热爱文学。在创作 *Eleanor Rigby* 的时候，我尝试把它写成一首好诗。"

达尔文在 1844 年写给他的好友约瑟夫·道尔顿·胡克的书信中明确指出，他的伟大顿悟来自对事实的系统性积累：

> 加拉帕戈斯生物的分布对我的触动如此之大……我决定开始无

---

① 示例可参考本杰明·F·琼斯（Benhamin F. Jones）的论文《年龄与重大发明》（*Age and Great Invention*）。

差别地收集任何一种证据，其中也许就会包含物种的本质属性的信息……我从来没有停止过收集证据——最终，那一丝曙光降临了，而我基本上相信了（与我先前的想法非常不同）物种不是（这如同在对一场谋杀认罪）一成不变的。

拥有两百多项注册专利的多产发明家雅各布·拉比诺（Jacob Rabinow）在接受米哈里·契克森米哈（Mihaly Csikszentmihalyi）采访时被问及创新性思维有什么必要条件，他回答说，最重要的条件是拥有一个装满了知识的大数据库。他说："如果你是一位音乐家，你必须储备大量关于音乐的知识……如果你出生在一个孤岛上从没听过音乐，那你不太可能成为贝多芬……你可能会模仿鸟叫，但是你不可能写出第五交响曲。越早着手构建这个数据库越好。你能够在存储了大量信息的氛围之中成长……人生开始阶段出现的一个小小的差异如果持续40年、50年或者80年，将会累积成巨大的差异。"

一名好的教师会帮助学生制造这种氛围。他们能主动地引导孩子的好奇心，帮助他们将消遣性好奇转变为认识性好奇，这样才能开始建立那个能够使创新变成可能的数据库。

误解3：学校应当传授学习能力而不是知识

1946年，荷兰心理学家、国际级象棋大师阿德里安·德格鲁特（Adriaan de Groot）进行了一项改变了科学界对学习过程的看法的实验。他向被试展示了一张象棋棋盘，上面摆放了一些棋子，并让被试感到棋局已经进行了一段时间。展示只持续几秒钟的时间，然后他要求被试按照记忆进行复盘。象棋大师及以上级别的国际级象棋大师基本上能够准确无误地恢复棋子的位置，而好的业余棋手只能恢复大约一半左右，新手则更少，只有三分之一。

表面上看，象棋是一种纯粹的推理式游戏。然而象棋的核心其实是知识。象棋大师的大脑中记忆了更多的摆位，这样当他们看到棋盘时也会立刻识别出这些位置信息，这样就给他们更多的余地来思考下一步的走法（甚至下几步的走法）。威廉·切斯（William Chase）和赫伯特·西蒙（Herbert Simon，又名司马贺）重新进行了德格鲁特的实验，但是增加了一个至关重要的转折。除了向被试展示一些可能的棋盘以外，他们还增加了一些随机生成的、不可能在真实对弈中出现的棋盘。象棋大师们对真实棋盘的复盘能力与在德格鲁特实验中所展示的相类似，但是对随机棋盘的复盘能力则与初学者无异。

象棋的关键与其说是抽象思维能力，不如说是与知识的紧密结合。高手在记忆中保存了上万张棋盘。类似的实验在不同的领域，如物理、代数和医学等领域被重复进行，每次的结果都一样。只要任务在专家的专业领域之外，他们就不再能够用自己的能力来解决新的问题，因为他们的技能都与特定领域的知识紧密结合。

换一种说法，心理技能不同于算法。算法在其适用范围内能解决所有的问题，而不用考虑具体问题的对象。而学习能力则是从特定领域的特定知识中萌生的。所谓"特定领域的特定知识"就是事实（还包括文化知识，比如哈姆雷特的情节）。你的知识面越广，脑力活动的范围就越广，能吸收的新信息也就越多。这就是为什么说学校应该把培养学习能力置于知识传授之上的观点是没有道理的，学习能力的基础就是记忆下来的知识。我们知道得越多，就越会思考。[1]

如果在过去的五十年里，关于大脑工作机制的科学研究证实了一个结论的话，那就是——人类记忆的工作方式与计算机内存的存储－读取的工作方式完全不同。记忆实际上是思考的核心。尤其是长期记忆，它是我们大部分理解力、洞察力和创造力的来源。

我们的大脑将信息分别存储在两个地方：工作记忆（有时也称短期记忆）

---

[1]　当然，智力远不止对事实的记忆。但是这两者之间有着基础性的共生关系。乔舒亚·福尔（Joshua Foer）曾这样说道："智力与记忆手拉着手，就像结实的肌肉和健美的气质的关系。"

和长期记忆。工作记忆让我们能够在任何时候都保持神志清醒。它就好比大脑的便签或脑中的一个临时空间，我可以在这里们进行思考，如组织语法或者计算一个等式。工作记忆的空间非常紧张。在记忆失效以前，我们只能同时记住很少的几个项目。根据认知心理学家乔治·米勒（George Miller）1956 年所做的一项里程碑性质的研究显示，我们在同一时间只能处理七个数字，并且如果不进行复读，那么大部分信息将在 30 秒钟内被彻底遗忘。如果我们直接处理这些项目而不仅仅是存储它们，比如尝试将两个数字加起来，那大部分人就只能处理一到两个。

为了提高处理能力，我们有时候会使用一种被心理学家称为"分块计算"（chunking）的算术技巧。给定一个数学问题，比如42×7，我们将数字拆成分离的几个部分来计算答案。难点在于，你首先要将它拆开成块（比如 40×7=280），你必须把它放在工作记忆中来处理下一个块（2×7=14），然后才能把它们加起来。在计算过程中，某一块常常会从工作记忆中丢失，这样你就必须重新计算或者放弃。如果工作记忆是一款软件，我们肯定想要把它退回商店要求更新。即使使用了分块计算，它的限制也使多元素思考变得非常困难。幸运的是，我们拥有一些非凡的能力来逃脱这些限制。

如果工作记忆是一间一居室的公寓，那么长期记忆就是大脑的巨型地下仓库。它是一个用来存放所有我们碰到的事物的空间：词汇、人名、国家的首都、扑克牌魔术、科学理念、希腊神话、勾股定理或者如何换保险丝。其中有些信息需要一些努力才能调出，但是还有很多可以轻易地、随时被直接并调出。这一构造极大地提高了我们思考的能力。为了举例说明这一点，请在五秒钟的时间内记忆以下 14 位数字：

74830582894062

我猜你肯定觉得这是不可能的。大部分人都觉得不可能，因为你必须依赖于你的短期记忆来完成任务。现在，来试试记住下面一串 24 个字母：

lucy in the sky with diamonds

这回，你几乎不需要一秒钟的时间。这之间的差别如此之大，以至于两者看上去根本就是不同类型的任务。然而，从本质上讲，它们是相同的。两者都是记忆一串任意的符号，第一个例子里是数字，第二个是字母。而真正的差异是其中一个触发了存储在我们的长期记忆中的一组关联。我们可以将字母串分块，变成我们认识的一串词汇，随后将这串词汇变成符合语法的句子。最后，我们能够将整个句子关联到我们对流行音乐的知识背景中——披头士乐队一首歌曲的名字。在我们脑海深处，记忆的知识使我们得以更容易且迅速地思考。

让我们回到心算的话题上来。你可能能够更简单地算出 22×11，因为你可以使用存储在长期记忆中的分块知识。你知道 22×10 是 220，因为你知道任何数乘以 10 只是在后面添加 "0" 而已。所以你只需要简单地计算 220 加 22 即可，而这个计算对于工作记忆来说更容易胜任。如果你没有关于这一知识的长期记忆，那么整个乘法就会变得更加费力，即使你已经学会了乘法。

长期记忆是认知世界背后的隐藏力量。没有了长期记忆，任何人都不能够穿过繁忙的马路，煎鸡蛋，或者写邮件。脑力操作越复杂，长期记忆所扮演的角色就越重要。当网球运动员选择一个击球点时，当飞行员应对湍急的气流时，当律师构思一些辩词时，他们都会很自然地从长期记忆的宝库中借鉴日积月累而来的相似情况。这让他们得以在瞬间识别出新情况的特征并作出响应，而不需要从最初的原理开始推理。

知识使人变得更聪明。精通某个领域的人，如同炼就了一副火眼金睛，他们能够精准地指出问题的内因，而不会在问题的表象上绞尽脑汁。学习专家季清华（Michelene Chi）与她的同事在一个经典实验中，要求物理专业的初学者和专家将一些物理问题进行分类。初学者会通过问题的表面属性进行分类——例如问题的重点是不是一根弹簧或者一个斜面，而专家则根据解决这个问题可能会用到的物理定律对其进行分类。像这样的思考能力不可能被直接培养出来，而是萌芽于知识积累。

反对基于事实的学习方法的人可能会问："让一个孩子记住黑斯廷斯战役的日期到底有什么用？"用处在于，事实并不是存储在长期记忆中的孤岛。它们与其他的事实结合起来产生认知的关联网络。知道黑斯廷斯战役的日期让你能够（即使很粗略地）把握它与其他历史事件的关联，比如《大宪章》的签署和伊丽莎白一世的登基。当你有了这种历史时间的框架，或许就可以忘了它；它已经在你的长期记忆里完成了分块，让你能够攻克一些更深刻的问题，比如英国国家地位的历史变迁。[①]

这就是为什么好奇心如同其他思考能力一样，无法通过抽象的方法来培养和教育。它不仅不会被事实性知识所扼杀，而且根本就依存于事实性知识。除非一个孩子掌握了他想要深入思考的课题的基础知识，否则难以将他初步的（消遣性）好奇转变成持久的（认识性）好奇，他也就达不到迫切想要学习更多关于英国历史的知识并且能自主提出敏锐问题的阶段。肯·罗宾逊爵士的观点与此正好相反。他认为一旦孩子们开始接受教育，他们的好奇心就开始消退。而事实上，儿童的好奇心只会在没有从老师和家长那里得到传授的知识的情况下才会消退。即使他们找到一些最初感兴趣的事情，但若不具备基本的背景知识，他们将会很快放弃学习，而认为"我学不会"。知识给了好奇心续航的能力。

为什么互联网没有把我们从背诵 19 世纪首相的名字、化学元素周期表或者记忆单词拼写的繁重任务中解放出来呢？这个问题基于同一个对大脑工作原理的误解。当我们在网上搜索信息时，我们使用的是工作记忆这个迟钝而有限的

① 乔·柯尔比（Joe Kirby）是伦敦的一位教师和教育博客博主。当他问学生有关第二次世界大战时期的诗歌时，没想到学生问他："老师，难道还有第一次世界大战？"他很惊讶。大多数学生压根不知道丘吉尔是谁（除了某家保险公司的广告中一只点头的狗的名字）。柯尔比的一位在贫困学校教语文的同事发现学生们以为英语是 20 世纪 60 年代产生的，而《圣经》的作者是莎士比亚。缺少这些基本的知识构件，这些学生将很难习得思考能力或者参与到社会生活的主流中去。甚至一些相对聪颖而勤奋进取的学生，在中学毕业时也没有学到什么知识。2009 年，英国顶尖高校的一位教授发表了一项针对大学一年级学生的有关英国历史的测验结果。他为他们的无知感到震撼。百分之八十九的学生无法写出 19 世纪任何一位英国首相的名字。他所调查的对象可是历史系的本科生。

工具。我们知道得越少，花在处理、理解和记忆阅读材料上的脑力就越多，而从中提取的信息就越少。长期记忆越空白，我们就越难思考。每个认为自己不再需要学习知识而只需要谷歌的人都是在让自己变得更笨。如果成人不鼓励孩子不断向自己的长期记忆中添加信息，这将伤害他们的潜力，并让他们的学习欲望受到打击。当我们将他们丢给互联网时，我们就是在任凭他们的认识性好奇自生自灭。

进步思想家将知识与好奇对立起来，不仅错误而且有害，还有可能伤害到那些他们声称最想帮助的人群，也就是处于社会最底层的孩子们。

| 将知识与好奇对立的危害性 |

即便是对于一个六岁甚至更小的孩子来说，对其将来成功的最大贡献者也不是智力而是知识。一项由美国教育部发起的对 2 700 名儿童的纵向研究，从幼儿园或者学前班开始跟踪调查每个学生超过十年。结果表明，影响学习成绩最重要的预测指标是一般常识，如词汇量等（第二重要的预测指标是精细运动功能；第三位是个性特征，如自控力和积极性）。

认为孩子们能够仅依赖于天生的求知欲来学习这些知识是个美好的愿望，但并不是事实。认识性好奇要求我们注意到自己的信息缺口，这意味着如乔治·罗文斯坦所主张的，我们必须首先积累一定量的知识。儿童早先获取的知识越多，他们的学习能力就会越好，他们也就越喜欢学习。正如创业公司需要从风投借入大量资金以推动自己的成长一样，儿童也依赖于从教师那里传授的知识来激发他们新生的知识性好奇。

知识具有群聚效应。正如我们所看到的，当新的知识找不到其他可以依附的知识时，不用半分钟的时间，它们就会从工作记忆的指缝中溜走。如果告诉你一个事实：托马斯·杰弗逊（Thomas Jefferson）死于 7 月 4 日。假如你之前知道谁是杰弗逊，也知道他对美国所作出的贡献，以及这个日期的特殊含义的话，这个事实就更容易被记住。一般背景常识越广，你就越容易发掘出新的信息。就好比网撒得越开，鱼就捕得越多一样。

如果用一个小渔网起航出发，你会永远落在别人后面。知识会受到社会学家所称的"马太效应"（Matthew Effect）的影响。这个效应的名称来源于《圣经》中"马太福音"一节（13：12）："凡有的，还要加给他，叫他有余；凡没有的，连他所有的，也要夺去。"换句话说，有知识的富人会变得更富，没有知识的穷人会变得更穷。如果一个六岁的孩子比其他孩子的阅读能力差一点，相比之下，他更难从书本中获取知识。如果学校教授了新的信息，那么他就会比其他同学记住的内容要少，即使他付出同样多的努力——因为他动用了更多的认知资源来处理新的信息。久而久之，他会感到沮丧，甚至会放弃。[①]

小小的差别很快会累积成巨大的差异。弗吉尼亚大学认知心理学教授丹尼尔·威林厄姆（Daniel Willingham）是研究学习行为的专家。他曾进行过一次假想计算来演示马太效应的原理。假设萨拉在记忆中有 10 000 个事实，而露西有 9 000 个，而现在同时告诉他俩一组新事实。萨拉可能记住了 10 个，露西记住了 9 个。假设这一过程在之后 9 个月里重复进行了 9 次，那么到最后，萨拉和露西之间就从 1 000 个事实的差距拉开到了 1 043 个事实，除非露西花更多的精力来追赶。但这很难做到的，因为萨拉与露西拉开距离的速度在加快。

这基本上呈现了一个知识匮乏的孩子在入学时面对知识丰富的孩子的情景。马太效应的好处是它可以反过来使用。如果老师和家长加大力度提高露西的知识水平，那么她就可以跳出恶性循环，从而进入良性循环：她学习的越多，她得到的就越多，她就想要学更多。当然，如果学校里的老师不被鼓励直接向学生传授知识，那么学生就不能得到这样的帮助。

---

① 进步教育的支持者喜欢引用荷兰诗人威廉·巴特勒·叶慈（W. B. Yeats）的名言："教育不是灌满一桶水，而是点燃一把火。"这一比喻不仅很好地展示了为什么源于互联网的知识不可靠（叶慈从来没有说过或者写过这样一句话），还揭示了进步教育的盲区：火是需要持续提供燃料供应才能燃烧的。

证据显示，初学者，即背景知识水平相对低的学生，最能从成人的指导中获益。一篇对在美国进行的大约 70 项研究的综述发现，高水平的学习者在非指导性教学中学到的更多，然而那些学习吃力的学生在非指导性教学中的表现明显低于在指导性教学下的情况。[①] 当学习一道代数问题时，初学者的认知资源只有工作记忆，因为他们需要像第一次看到等式一样处理其中的不同元素。这时候，他们就需要一套来自外界的认知资源，即老师，来引导他们解题。然而已经具备一些代数知识的学生则可以使用一套内部的、额外的资源——他们的长期记忆来解题。

进步教育思想之所以被认为"进步"就在于它是反等级的，比如反对将老师作为权威人物，反对教学大纲的概念，而且知识丰富的教育被看作某种精英主义的做法。[②] 然而，进步教育的做法反而更容易加深社会阶层的鸿沟。相比低知识储备的学习者，进步教育更适用于高知识储备的学习者，就像安妮特·拉鲁的研究中所提到的亚历山大·威廉姆斯一样，他在一个满屋子都是书的家庭中长大，而且他的父母乐于向他传授知识——这是典型的中产阶级家庭的孩子。所以问题不在于知识是精英主义性质的，而是在于精英阶层拥有获取知识的能力。

意大利共产主义者及"勇于在权力面前讲真话"这一口号的提出者安东尼奥·葛兰西（Antonio Gramsci）由于反对墨索里尼而遭监禁。他将自己看作霸权主义坚定的敌人。当他看到进步教育的思想占据意大利时，他写道："把所谓'机械性'的方法换成'自然'方法已经夸张到了有害的地步……以前，学生还能从课堂里学到些具体的知识，而现在再没有可供说道的知识了……最讽刺的是，这些打着民主旗号的新型学校，实际上到最后不仅仅延续了社会差距，甚

---

① 另一个重要的发现是，这些学习吃力的学生如果被允许使用非指导性教学，他们会更喜欢学习，虽然学得更少。学得少可能会让上学变得有意思，但同时也降低了上学的价值。
② 有一种反驳批判进步方法的论调，提到拉里·佩奇和谢尔盖·布林这几年做得相当不错。当然，肯定有很多非常成功的人士接受过非常规的教育。但是我认为，佩奇和布林不管接受的是什么样的教育，也都会发展得很好。或许他们是由于接受了蒙台梭利教育，所以才发展得更好（这一点我们无从得知）。但是即便这样，也表明了进步教育的一个问题——它更适用于来自有富有家庭背景的最聪明的孩子，而不适用于来自贫困家庭的孩子。

至还让社会差距不可调和。"

1978 年，美国弗吉尼亚大学教育学家埃里克·唐纳德·贺尔西（Eric Donald Hirsch）进行了一项实验。他让来自弗吉尼亚州里士满市的某个社区大学的学生阅读一些他给自己的学生所用的阅读材料。这些社区大学的学生（其中大部分是黑人）展示了与他自己的学生水平相当的阅读和理解能力。但让贺尔西惊讶的是，他们对一段描写阿波马托克斯法院之战中罗伯特·李投降的文字感到特别困惑。这一事件是美国历史上最重要的事件之一。贺尔西立即醒悟了：如果缺少对文化的基本常识和信息的积累，这些学生将永远处于劣势，无论他们多聪明、多勤奋。

贺尔西呼吁制定一个强调严格教授传统科目的教学大纲，包括阅读、数学、历史、科学和文学等。他把这当成自己一生的事业。这导致有些人把他当作一位保守主义者。但即便他是保守主义者，这也仅限于教育领域。贺尔西曾说："社会进步主义和教育进步主义两者正好相反。"教育进步主义定会使社会分层维持于现状，而教育保守主义即根据一个常见的、知识丰富的教学大纲教育孩子，是"贫困家庭获得知识和技能以改善他们生活条件的唯一方法"。[①]

葛兰西相信要勇于在权力面前讲真话，但是在教育领域，强权的一方已经知道真理了。社会学大师皮耶·布迪厄（Pierre Bourdieu）提出了"文化资产"一词，用于隐喻那些在所有社会中都可以与当权者建立起友好、深刻的关系的切入点。而知识正是它的牢固基础。这就是为什么在全世界各种社会中，上层社会都要将自己的子女送进由教师引导且注重知识积累的、价格不菲的私立学校学习传统科目的原因。与其让那些已经拥有大量文化资本的人垄断文化资本，倒不如将我们的公立教育体系设计成能够最大限度地再分配这种资本的体系。

---

① 在这一不时髦的运动坚持了多年后，贺尔西终于即将在美国赢得胜利。贺尔西思想之后发展成了共同核心教学大纲（Common Core Curriculum）。这一教学标准是用来设计让所有的儿童都能具备全面的知识而成为成功的个人和合格的公民的。在最近几年时间里，共同核心教学大纲几乎已经被美国所有州所采用。

贺尔西把背景知识比作氧气——至关重要但又容易被忽视。人们很难意识到它是多么重要的礼物，以及如果没有它，人生将会变得多么困难。好奇心的火焰无法在真空中燃烧。

在本章的最后，我将讲述一个辛酸的故事，展示一个知识匮乏的童年是如何对那些最聪明和最好奇的孩子造成伤害的。

| 成功的致命一击：童年时家庭和文化熏陶的缺失 |

在有关教育的扣人心弦的书籍《孩子如何成功》（*How Children Succeed*）中，保罗·塔夫（Paul Tough）综合了来自美国学校的第一手资料和学术界的研究成果，以说明我们高估了智力对学习成功的影响，并且低估了"非认知特征"，即性格的影响。他重点关注学习的主动性，尤其是"坚持不懈"这一特征。塔夫引用了心理学家安吉拉·达克沃斯（Angela Duckworth）的研究，后者已经收集了令人印象深刻的大量证据来显示坚韧——一种自控力、注意力和从失败和失望中恢复的能力的组合——是以何种方式影响儿童和成人的成就的。一个关于学生能否坚持完成一项枯燥任务的测试，远比智商测试更能预测其未来的成就。最成功的学生往往不是最聪明的，而是那些不轻易言败的孩子。

塔夫这样总结他的例子："儿童发育过程中最重要的因素……不是我们在最初几年中能够往他们脑中塞入多少信息，而是我们能否帮助他们具有一些非常不同的品质，其中包括坚持、自控、好奇、认真、坚韧以及自信。"虽然塔夫与进步教育家并非具有相同的学术背景，他依然使用了贬义词"塞入"来描述基于知识的教学，这让我们想到了来自进步教育家的批评。然而在这本书中，塔夫讲述了下面的故事，正好显示了持久性学习的重要性。

他在书中写了布鲁克林 318 中学的一个国际象棋队的成功事迹。这所中学的学生基本上来自非裔和西班牙裔的社区，他们中的大部分人都生活在贫困线以下的困难家庭中。你肯定不会期望这支象棋队能够在国家级比赛中崭露头角。

确实，你甚至认为这样一所学校会有象棋队是一件令人惊讶的事情。然而，在过去 10 年里，该学校来自四、五、六三个年级的队伍每次出战都会击败曾经主宰这一领域的精英私立学校的队伍。

这一杰出成就主要归功于在学校任教的老师伊丽莎白·施皮格尔（Elizabeth Spiegel）。施皮格尔花了大把的精力和每个学生一起复盘，告诉他们哪一步错了、哪一步对了。她明确地告诉学生们，她希望他们能够获得巨大的成功，而这些孩子就用非凡的努力来回应她的期待。

施皮格尔的队伍中有一个叫詹姆斯·布莱克（James Black）的明星棋手，他是一名黑人男孩，来自贝德福德-史岱文森的一个贫困社区。在施皮格尔的帮助下，他在 13 岁前就获得了"象棋大师"的称号，而全国总共只有三个非裔美国人做到了这一点，之后他还赢得了全美冠军。塔夫还讲述了施皮格尔是如何帮助詹姆斯准备纽约最难进的高中——史岱文森高中的入学考试的。她曾被很多人警告说这是不可能完成的任务。其中一位就是副校长，他指出让一个在全美统一考试中持续得到低分的学生在贵族学校的考试中拿到高分是一件闻所未闻的事情。

施皮格尔选择了忽略这些建议。她知道詹姆斯是一个异常聪明而好奇的孩子，也曾见识过他能快速消化象棋的相关知识。她相信，只要通过集中的指导，他就一定能成功。她告诉塔夫："我猜想只要他感兴趣并且努力，我用 6 个月的时间就能教会这个聪明的孩子任何事情，不是吗？"事实上，詹姆斯不仅是一个聪明的孩子，还是一个勤奋的有过人的好奇心、耐力和韧性的孩子。

这是一个必须用大团圆的结局来结尾的故事，必须是一个战胜命运的奇迹。除了让这个故事在感情上易于接受以外，这样的结局也有助于支持塔夫这本书的论点，即培养一个人的性格是提高学习成绩的王牌。然而，塔夫是一位忠实的记录者，并且他自己也说，施皮格尔和詹姆斯的故事揭示了另一个问题：好奇心和坚韧的性格在学习成绩方面至关重要，然而，如果没有知识，它们也就失去了价值。[①]

我们知道，国际象棋在大体上是模式识别和记忆能力的运用。像詹姆斯这样的象棋大师可以一眼洞穿问题所在。但是知识领域，如文学或者地理是多方面的、模糊的、难以描述的，并且它们之间互相依赖——没有数学基础难以学习物理，没有语言能力就无法学习历史。如果想在短时间内在所有方面都有大踏步的提高，基本上是不可能做到的。正如塔夫本人所说，为了在贵族学校的考试中拔得头筹，其所需要的知识和技能必须是经过长年累月积累才能得来的，而其中的大部分则来自整个童年家庭对其的文化熏陶。

虽然施皮格尔在课外耗费了大量时间帮助詹姆斯准备考试，并且詹姆斯自己也下定了决心并十分勤奋努力，但他依然发现自己不可能弥补知识的空白。他甚至无法在地图上找出哪里是非洲，哪里是亚州，也无法说出欧洲任何一个国家的名字，他的词汇量和数学能力也非常有限。他的早期教育中的基础性漏洞导致他对于一些稍微难一点的问题根本无从下手。

史岱文森高中最好的象棋手也根本不是詹姆斯的对手，但是他最终还是没能被录取。失败的原因并不是他没有好奇心，或者没有坚韧的性格以及高智力，而是因为他不像其他中产阶级的孩子那样在早年间被"塞入信息"。

他的好奇心的引擎耗尽了燃料。

| 孩子好奇心的最大杀手：放任不管 |

我们看到，童年的好奇心是儿童与成人共同协作的结果。最能杀死好奇心的方法就是放任不管。认识性好奇并不是只要排除障碍就能"天然地"蓬勃发

---

① 在这一点上，我要感谢贺尔西发表在《教育下一步》（*Education Next*）杂志上的对塔夫一书的书评。

展。它是一种需要双方付出努力的合作。让儿童独自对着屏幕，包括电子设备，会使他们受到误导、分散注意力，并且萎靡松懈。这一点对于社会阶层较低的孩子尤其严重，而他们正是像苏加塔·米特拉（Sugata Mitra）这样的改革者最迫切想帮助的人。

米特拉的工作非常引人注目，甚至从某种意义上讲非常振奋人心，但是他得到的结论却是危险的误导。博学，即殷实的长期记忆并没有过时，它是我们的洞察力、创造力和好奇心的源泉。好奇心驱动的教育方法的致命缺陷是只强调好奇心推动知识的获取，而没有注意到知识对好奇心的强化。我们并不容易获得新的信息，除非我们已经处于好奇区之中，尤其在幼年时期，我们需要其他人引导我们到达那里。

说起教育，好奇心处在既被贬低又被过分赞扬的位置。一方面，学校过分强调考试成绩和就业，从而伤害了学习的乐趣。这是一个很重要但是被广泛承认的问题。一个不那么明显但又有着潜在危害的问题，来自这样一个错误的假设：我们只需要解除对儿童好奇心的束缚，他们就可以踏上一个神奇的、充满启发的探索旅程。愿景固然美好，然而如果学校无法在儿童的大脑中建立起知识的数据库，那么当他们长大成人时，就会致命性地失去对自己的知识范围的自觉性，在无知中失去兴趣，终其一生只能处于其他比他们更有知识也更有好奇心的同龄人的下峰。他们会发现自己被分隔在好奇心鸿沟不利的一侧，而当我们让这种事情发生时，是在任由生命渐渐枯萎。

索尔·贝娄（Saul Bellow）的小说《院长的十二月》（*The Dean's December*）中这样描述道，当叙述者听到一只狗对着黑夜吠叫时，他把这当作在祈求拓展一只犬类对世界的小小认识："看在上帝的份上，把宇宙打开多一点吧！"知识，即使是浅显的知识，即很多东西都只知道一点，也能拓展我们认知的广度。这意味着你能够从一场戏剧表演、一本小说、一首诗或者一部历史书里获取更多的信息；这意味着，你可以只读《经济学人》杂志上一篇文章的前几段，就掌握了文章的精髓，并且可以随时与其他人讨论；这意味着你可以在午餐时与坐在你旁边的陌生人谈笑风生，在更多的会议中贡献自己的意见，听到暧昧的论调时能够怀疑，并且向你周围的人更好地提问。不管你是谁，也不管你的人生开始得是好是坏，你知道的越多，就越能让你的世界变得丰富多彩且充满各种可能性，那一丝曙光就更容易在黑暗中降临。它把宇宙向你多打开了一点。

不管你是谁，也不管你的人生开始得是好是坏，知道的事情越多，就越能让你的世界变得丰富多彩且充满各种可能性，那一丝曙光就更容易在黑暗中降临。它把宇宙向你多打开了一点。

CURIOUS

第三部分

保持好奇心

The Desire
to Know
and Why Your Future
Depends on It

CURIOUS
The Desire to Know
and Why Your Future
Depends on It

08

保持好奇心的七种方法

| 虚心若愚 |

过去几百年中最有影响力和创造力的两位商人有着很多的相似之处。他们都是加利福尼亚州的开拓者，并成功地将自己的审美观融入了无数人的日常生活里。他们都利用"颠覆性技术"打造起了庞大且经久不衰的商业帝国。他们都有坚韧的性格，且积极努力。他们都表现出了高"认知需求"，并将这一特点贯彻到企业文化中。至少他们在世时，企业文化是这样的。

沃尔特·迪士尼（Walt Disney）在芝加哥出生，成年后搬到堪萨斯城并在堪萨斯城广告公司找到了一份工作，正是在那里，他开始对动画制作的新技术产生了兴趣。在读了一本相关书籍后，他意识到电影胶片会很快替代剪纸动画。不久之后，他就开始着手尝试，制作了动画短片《小欢乐》（*Laugh-O-Grams*），并在当地的电影院里播放。很快，好莱坞便向他投来橄榄枝。于是他与弟弟罗伊（Roy）一起搬到了好莱坞，并在他们的叔叔罗伯特家的车库里创建了第一个迪士尼工作室。

到了 20 世纪 20 年代，去电影院观影已经风靡全国，包括幸运兔奥斯华（Oswald the Rabbit）等迪士尼的卡通人物开始变得很有名气。他们制作的《汽船威利》（Steamboat Willie）成为最早的声画同步的动画之一。也正是在这部动画中，首次引入了米老鼠这一卡通人物。1932 年，迪士尼凭借他的米老鼠系列动画荣获了人生中的第一个奥斯卡奖。20 世纪 30 年代末，他在伯班克建造了一个迪士尼工作室园区，在那里制作了多部彩色长篇动画片，如《白雪公主和七个小矮人》《幻想曲》《小飞象》等。

电视机的出现威胁到了电影院的生存，自然也就影响到了迪士尼公司。然而迪士尼却很好地把握住了这种全新的快速发展的科技。他将已经成熟的卡通人物，如米老鼠、唐老鸭和高飞搬上电视荧幕，并从头开始创作以人为主角的系列剧，比如《原野奇侠大卫克罗传》（Davy Crockett）。到了 20 世纪 50 年代中期，迪士尼意识到他可以利用日益兴起的目的地旅游的趋势，于是在加利福尼亚州的阿纳海姆建造了第一个主题公园。他的公司一直都引领着新技术的发展，例如电子动画学。在 1964—1965 年举办的纽约世界博览会中，在伊利诺伊州展馆迎宾的以亚布拉罕·林肯为原型的机器人正是由迪士尼公司的工程师创造的。

1966 年，沃尔特·迪士尼去世，之后公司开始走下坡路了。它失去了创新的灵魂，未创造出任何新的可以媲美米老鼠的作品，也没有利用好新的技术，如电脑动画制作技术。直到 20 世纪 80 年代，在新一代领导的强势管理之下，公司才又开始盈利。但是，尽管迪士尼公司在当时保持着巨额盈利，并且仍然是世界上最有价值的品牌之一，但却没再重新燃起像最初那样令其成为世界瞩目的领跑者的创新热情。

到了 2006 年，苹果公司的史蒂夫·乔布斯加入了迪士尼董事会，之后迪士尼同意收购皮克斯公司。皮克斯是一家电脑动画制作公司，乔布斯任其 CEO，并且是最大的股东。在 1995 年发布了动画《玩具总动员》之后的 15 年间，皮克斯的状态犹如 20 世纪 30 年代的迪士尼，在创造力和商业上都有着突飞猛进的发展。在此期间，迪士尼公司发行了多部皮克斯的电影，同时又垂涎其取得的成功和受欢迎的程度。迪士尼的首席执行官迈克尔·埃斯纳（Michael Eisner）与乔布斯之间一直进行着激烈的明争暗斗，直到埃斯纳离开了迪士尼才肯承认，他们的确不可能击败皮克斯，收购是唯一的可行方案。

同沃尔特·迪士尼一样，乔布斯也是在加利福尼亚州的一个车库里建立了他日后改变世界的商业帝国。这一次，不是叔叔家的车库而是父母的，也正是在那里，他结交了一个技术天才斯蒂夫·沃兹尼亚克（Steve Wozniak）。在那之后，两个人一路披荆斩棘，创造出一种全新概念的电脑，便携、简洁、漂亮，非常适合个人使用。到了 1983 年，苹果跻身世界财富 500 强公司。两年后，乔布斯被排挤出亲手组建的公司，之后开始着迷于新的数字动画技术。这项技术是由乔治·卢卡斯（George Lucas）的电影制作公司的一个小部门卢卡斯影业（Lucasfilm）开发的。卢卡斯同意将这个部门卖给乔布斯，而这就是之后的皮克斯。在那之后的很多年，乔布斯都不知道皮克斯该怎么发展，他只是清楚自己对这个领域很好奇。

史蒂夫·乔布斯只能算是一个不错的"工匠"，尽管他非常聪明，但还不是一个惊世骇俗的原创思想者。使得他如此杰出的原因在于，他对成功的极度渴望以及天生对认识性好奇的感知。他对世上一切事物都很感兴趣，比如包豪斯运动、垮掉派诗歌、东方哲学、商业的运转方式、鲍勃·迪伦（Bob Dylan）的歌词、消化系统的生物学原理等。一位大学讲师后来回忆道："他有着强烈的求知欲……他拒绝全盘接收传递给他的信息，想要自己去一一验明。"①乔布斯在大

---

① 亚马逊的创始人杰弗里·贝索斯（Ueff Bezos）同样也有着极为强大的认识性好奇的感知。当他还是一个小孩的时候，他的妈妈发现他试图用一个改锥来拆掉他的婴儿床。到了十几岁时，他参加了一个专为爱好知识探秘的孩子举办的夏令营，称为梦想学院（Dream Institute）。《华盛顿邮报》一篇关于贝索斯的人物简介中是如此描述那个夏令营的："孩子们阅读了《格列佛游记》《沙丘》《沃特希普荒原》等作品的节选，了解了黑洞，还在苹果电脑上编写简单的程序来实现自己的名字在屏幕上向下滚动的效果。"

学期间上了一门介绍字体的课程，不为了别的，仅仅出于自己感兴趣。[①]

乔布斯的好奇心对他的创新能力、自我颠覆能力以及事业发展起着至关重要的作用。相对于大部分科技公司的领导者来说，他有着更为超凡的认识广度。当互联网开始打破行业划分时，他处在最有利的形势下，抓住了这前所未有的机会。在苹果公司内部，他把至少四种完全不同的文化融汇到一起，自己也深深地融于其中，包括20世纪60年代的反主流文化、美国企业家文化、设计文化以及电脑极客的文化。[②]当MP3音频压缩格式的出现使数字音乐的传播成为必然趋势时，正是乔布斯对音乐的执着爱好，促使他发布了世界上第一款成功的MP3播放器，并建立起了第一个合法的音乐下载服务。这不仅帮助他抓住了一个商机，还使得他能够与该领域的管理者们进行良好沟通交流，之后还成功说服波诺（Bono）等摇滚歌星帮助他出售自己的产品。

乔布斯对各种知识的着迷以及他富有创造力的实现过程使他一直坚守着皮克斯，即使在亏损的情况下，他也没有放弃。在他的一生中，他始终保持着如沃尔特·迪士尼年轻时在堪萨斯城广告公司工作的状态，并一直对新想法和新技术充满浓厚兴趣。迪士尼公司未能再创其早期的辉煌，部分原因就是未能让创始人以好奇心作为驱动力的这一宝贵精神传承下来。相反，它仅仅专注于在已有投资上的盈利。乔布斯对迈克尔·埃斯纳无法学习皮克斯的经验并不感到意外，他说："在迪士尼遭遇了一连串失败的同时，皮克斯出品了一部又一部优秀的电影，成功地为公司业务带来了彻底的改观。你大概会觉得迪士尼的CEO会好奇皮克斯到底是如何做到的，可事实上，在与皮克斯公司打交道的20年中，他只在皮克斯待过总共两个半小时左右……他从不好奇。我非常惊讶，因为拥有好奇心是多么地重要。"

[①] 这使得乔布斯在之后设计第一台苹果电脑时非常关注字体的使用，于是也就奠定了在那之后，家家户户的电脑上那些最经典的字体的样子。
[②] 在创新发明的历史上有着这样一个不断重复的模式：某项新发明的出现总是伴随着它的对立面的产生并最终合并为一体。例如，羊角锤既能拔钉子也能钉钉子，一支铅笔可能同时带有橡皮擦。乔布斯也正是这种模式的一个活生生的例子，前所未有地结合了商人和嬉皮士的特质。

对于任何一个组织，特别是那些需要与科技变革保持同步的组织来说，最重要和最困难的问题之一就是如何把好奇的精神灌输给高管和其他员工，以创建和保持一个具有探索精神的环境。没有什么创造好奇文化的神奇药方，但是我们可以从一些单一民族国家的历史里寻觅到一些线索。

******

在 1 700 年以前，借用历史学家伊恩·莫里斯的话说，中国一直都是"地球上最富饶、最强大、最有创造力的国家"。然而在之后的一个世纪里，西方在经济和科技开发上都赶超了中国，并将这个势头保持到了 20 世纪晚期，在这期间，中国失去了以往的活力。欧洲和美国的工业化发展都远比中国、印度等其他亚洲国家快速且更成功。原因有很多，比如法律框架、教育体系以及自然资源等。其中一个因素是西方国家释放了人类好奇心所带来的力量，然而东方却没有。那些大的东方帝国承受着另一位历史学家托比·胡弗（Toby Huff）所谓的"好奇心逆差"。他们的上层阶级对探索西方的知识和科技并不感兴趣，因为他们对自己的现状非常满足。

尽管在 17 世纪，天主教会想尽一切办法去掩盖伽利略的发现，但也不能说他们对知识不好奇。许多牧师都在关注最新的科学动向，有一些还是各自领域的实践者。在伽利略的著作《星际使者》（*The Starry Messenger*）出版之后，红衣主教圣罗伯特·贝拉明（Saint Robert Bellarmine）下令让天主教学院最好的数学家和天文学家去研究学习这本书。

然而也正是贝拉明在 1616 年主持了对伽利略的审判，这让我们看到了一些重要的信息。并不是教会对宇宙的真实本质不感兴趣，而是他们认为这样的知识应该只能属于可以掌控它的特权阶级，比如他们自己。伽利略惹怒了当权者不是因为他出版了《星际使者》，而是因为他采用了普罗大众通用的意大利语，而不是上层阶级专用的拉丁语。

事实上，正是耶稣会传教士把伽利略望远镜带去了中国和泰国，并把伽利略的著作翻译成了中文。耶稣会传教士利玛窦于1583年到达中国，他有着很深厚的学问，同那些迂腐自大的西方传教士截然不同。他精通中文的口语和书面语，并与一位杰出的中国学者，同时也是一名基督教徒的徐光启建立了长期密切的伙伴关系。他们一起合作，试图让中国统治者及知识分子燃起对欧洲那些惊人的最新发现的兴趣，但收效甚微。

中国学者很早就开始了对太空的观测，对于太阳黑子的发现也早于欧洲。但是，他们对于天文学的理解是出自精神上和宗教上的信念，而不是由经验主义的观察结果得来。意识到这一现状后，利玛窦和徐光启便着手为中国学者提供专业的工具，如三角学、行星表和伽利略望远镜，让中国的天文学发展与西方接轨。

他们因精准地预测了日食而震惊了中国人，甚至与中国的天文学家们上演了数场竞赛来验证各自理论的准确性，当然他们总是会胜利的。其他传教士还给中国展示了先进的军事武器，而当时的大清政府对于欧洲传来的这些消息往往都摆出大帝国的姿态，表现得不以为然。

大清的掌权者们承认西方人有许多很好的想法和技术，但是基本上他们都不感兴趣。明朝是中国历史上最为繁荣昌盛的时代之一，其经济发达程度远超过欧洲。在既有着光辉灿烂的传统又有着繁荣经济的状况下，有什么理由去关心一夜暴富的欧洲在干什么呢？

"中国宁可不发展天文学也不需要西方人的帮忙。"中国17世纪著名的学者杨光先如此说道。他说，在中国历史上的辉煌朝代如汉朝，天文学家对太阳和月亮关系的认识甚至比他们现在更少，然而"汉朝依然保持了400年的尊严与繁荣"。最终，大清政府将基督徒们遣散回家，并让他们带走了那些望远镜和大炮。直到20世纪，中国才完全接受了西方科学的理论，现在才开始弥补过去在科技和经济上落下的缺憾。

伊恩·莫里斯（Ian Morris）在他的著作《西方将主宰多久》（*Why the West Rules-for Now*）中讲到，中国相对于西方的落后在很大程度上与一个地理事实相关，即大西洋和太平洋的宽度。大西洋沿岸长 3 000 英里，简直是最完美的。它足够广阔，从非洲、欧洲到美洲，可以让来自不同文化的各种商品在海岸线附近生产，然而又不是过于宽广，但足以让伊丽莎白一世的大帆船能够顺利横跨。相比之下，太平洋就要大很多，无法实现沿海岸线的贸易往来，也降低了海上探险的可行性。中国和美国加利福尼亚州相隔 8 000 英里，恐怕再无所畏惧的中国人也难以在西方欧洲人之前发现并殖民美洲新大陆。相应地，中国也很安全，不易遭到侵略或袭击，但也意味着没有太多机会和动力去探索世界上的其他地方。

中国的好奇心匮乏现象是有根可寻的。17 世纪，欧洲人在大西洋海岸附近建立了新的市场经济，于是那里汇集了欧洲最伟大的智慧来研究风力和潮汐的运动，进而引发了大规模的自然探秘，也就是科技革命。之后又出现了更大范围的知识与政治的变革，现在被称为启蒙运动。正是像欧洲人这样，既熟悉自己文化又了解其他文化，才能提出什么样的社会才是一个好社会的问题。而同期的中国却故步自封，沉浸在曾经其他国家都不可企及的辉煌历史中，对于传教士带来的新信息丝毫不感兴趣。

成功并不有利于好奇心发挥作用。就像 17 世纪的中国人那样，那些始终保持盈利的公司的管理者们往往都容易目光狭隘，不再对自己所处领域之外的想法感兴趣。在探索未知和利用已知之间，他们会越来越倾向于后者。尽管迪士尼公司缺乏震惊世界的新影视作品，但其仍在那些时期保持着良好的财政状况，高净收益率就好比太平洋一样对其形成了安全屏障。当对现有资源的应用足以带来巨额财富时，他们就不再有动力去探索新的道路，再续迪士尼神话。

苹果公司在乔布斯回归之后有了巨大突破，成功的势头持续了很长时间。公司之所以能够一直保持追求创新的精神，一部分原因是作为掌舵者的乔布斯强烈的好奇心，另一部分原因是它在之前的十年间有过数次濒临倒闭的经历，因此它不会因过度自信而变得不思进取。如今乔布斯已经离开，苹果公司漂浮在财富的太平洋上，它是否能继续保持一颗好奇心现在还不得而知。

或者也可以这样问，苹果或者其他任何公司如何能持续地将精力集中到自己的未知领域。伟大的物理学家詹姆斯·克拉克·麦克斯韦（James Clerk Maxwell）曾经说过："彻底的有意识的无知，是取得所有真正进步的科学发展的前提。"有一些公司或管理者会主动去培养这种有意识的无知，比如对未知事物非常着迷甚至上瘾，因此他们最不可能因环境改变而措手不及。

乔布斯在30多岁时就已经开始思考，为什么人们到了他现在的年龄段或者更老一点就已形成定式习惯或思维。他说："人们被束缚在这些固定轨道上，就好像留声机的钢针无法脱离唱片上的音轨。"乔布斯50岁时因身患癌症已快走到生命尽头。他在斯坦福大学毕业典礼的讲话上谈到了加州反主流文化名人斯图尔特·布兰德（Stewart Brand），这是一位对科技有着远见卓识的智者。乔布斯以布兰德的座右铭"求知若饥，虚心若愚"（Stay Hungry，Stay Foolish）结束了他的演讲。他说："一直以来，我也希望自己能够保持这种状态。"然而，乔布斯并没有留下该如何将这种精神也灌输到整个企业的秘笈。

| 建造数据库 |

离开大学后，我进入了智威汤逊（J. Walter Thompson）广告代理公司的伦敦分部。当时，所有新员工都会领到两本薄薄的书。这两本书的作者是同一个人，他是业内前辈詹姆斯·韦伯·扬（James Webb Young），已去世多年。第一本书的名字是《如何成为广告人》（How to Become an Advertising Man）。① 尽管我们会窃笑书中一些过时的表达（如"推销是一门通过把自己的提议包装得极富魅力从而来影响各种人类行为的艺术"），但是我们都会从头到尾认真阅读。

---

① 我们每个人拿到的这本书，书名最后一个词"man"都被用马克笔划掉了，取而代之的是"person"。

书里所给出的建议真诚且让人信服，至今依旧受用。

扬曾经在纽约麦迪逊大道工作，刚好是电视剧《广告狂人》里所描绘的广告业全盛时期之前的年代。他比剧里的主角唐·德雷柏（Don Draper）早一代，在第二次世界大战期间，他已经被公认为美国游说大师。当美国政府找到他并希望他可以设计出一个旨在抑制德国人士气的宣传方案时，扬在备忘录上写下，需要展现一种既大胆又非常有逻辑性、简洁直观的效果。他认为这次挑战就好比做一个肥皂粉品牌的营销。他在书里如此写道，政府需要的是"这样一个方案……当产品投放到市场后，它将帮助我们从中获得最大的利益。具体来说，它能在最短的时间内确保最大程度地降低敌人的士气，并且在向定位的'顾客'推广时受阻力最小……在我看来，这样的方案就如同在发出一个最后的通牒。"

公司发给我们的第二本书是《创意的生成》（*A Technique for Producing Ideas*）。这本书是扬在 1960 年半退休的状态下写的，虽然书是为广告从业者而写，但其中的道理可以应用到很多领域。在书里，他很委婉地表达了如果想要了解创造性思维形成的过程，就不需要再看其他任何书籍。这本书篇幅很短，就是个小册子，但是颇具实用性。书里没有那些只有创造性天才们才能懂的奥秘，没有专业术语，几乎没有任何多余的文字。他在书里提到最为重要的就是有好奇心。

扬总结出五个步骤。

第一步，收集素材，也就是收集有关产品及其消费者的信息。他说，你可能会认为自己的产品或将要买这个产品的人没什么特别之处，但是请坚持下去，更努力地去寻觅终究会找到的。扬在书里引用了居伊·德·莫泊桑（Guy de Maupassant）的例子。一位年长的作家告诉莫泊桑，"在巴黎的大街上随意选择一位出租车司机。这位司机对你来说大概与其他司机无异，但你需要去了解他，直到足以将他详细地描写出来，并且通过你的描述能够向他人展现一个有别于世界上其他任何出租车司机的独一无二的个体。"这就是收集产品及其消费者信息的方法。扬又说到，同样重要的是持续性地收集普遍的素材，"在广告行业，我所知道的每一个真正很有创造力的人都有两个很显著的特征：第一，天底下几乎没有他们不感兴趣的主题，无论是古埃及的祭奠文化还是当代艺术。生活中的方方面面都让他们为之入迷；第二，他们会博览各种领域的信息……在广告行业，一个创意需要将某个产品与某个群体的具体信息、生活以及事件的一般常识结合起来。"扬继续说道。

扬的方法论很简单，但非常有效。对于任何需要创造性思维的任务或者项目来说，它的实施者最好既有丰富的专业知识，又熟悉该项目及其用户（或读者、观众等）的文化背景知识。拥有这两种知识储备的人，其大脑里往往会进行丰富的信息交换，各种偶然的对撞势必擦出新想法的火花。生活在几乎与扬同时代的另一位广告人，同时也是全球广告代理网络的创始人里奥·博内特（Leo Burnett）曾说："我认为，对生活的一切都充满好奇依然是那些最具创造力的人的秘密武器。"

> 好的想法不是临到需要时，冥思苦想就能自然萌发出来的。它扎根于创造者数月、数年甚至好几十年的积累之中，既是思维形成习惯后的产物，也是才华的闪现。

好的想法不是临到需要时，冥思苦想就能自然萌发出来的。它扎根于创造者数月、数年甚至好几十年的积累之中，既是思维形成习惯后的产物，也是才华的闪现。正如扬所说："对于一些人来说，每个事实都是一个独立的知识。而对于另一些人来说，则是一个知识链上的连接。"很显然，他很直观地了解到我们在之前谈及的一项原则——已有知识的储备越多，新知识就能被同化得越好，且有着更高的创新性可能。这就是知识的群聚效应。

那些有着强烈好奇心的人，会认真地经营自己的长期记忆，生活在一种增强现实之中。他们见到的所有事物都有额外的、有意义的且有多种可能性的层次，而这些层次是一般的观察者所看不到的。时尚设计师保罗·史密斯（Paul Smith）这样说："我有一双善于观察的眼睛。而很多人的眼睛可以看清事物却无法观察它。我会在暗处旁观一些亮的，在粗糙的东西旁边看见光滑的，在丝绸旁边看见哈里斯花呢，而这一切对我来说都很有意义。我看着一栋建筑上门窗的比例，可以想到一件夹克上的口袋和开口。或者当我听到非常平静但却有着轻快节奏的音乐，就能想到一套海军蓝西服里面搭配一件有着花卉图案的衬衣。"

扬的方法论的其他步骤是在第一步的基础上衍生出来的。

第二步，反复推敲。将第一步收集到的素材再从其他不同的角度重新审视，并将它们与其他事实存在进行非常规的交叉组合，持续性地寻觅所有事物之间有趣的新关联和新组合。这样的做法不一定能给你带来好的创意，事实上，扬预测你将会感到自己找不到任何合适的突破口，无法提出一个一针见血的见解，自己所有的知识储备会在脑子里无序地搅在一起，你会深感绝望而完全进行不下去。然而扬说，虽然此刻你感到很绝望，但事实上这是个好现象，因为这意味着你已经完成了这一步，可以进行下一步了。

第三步，完全不需要做任何直接的努力，仿佛是对自己之前努力的犒劳。这是一个允许无意识行为参与进来的阶段，但只能由与目前任务毫不相关的事物刺激而产生。扬对读者说，夏洛克·福尔摩斯经常在办案途中忽然把华生拽去听一场音乐会，完全不给他那缺乏想象力的搭档以反对的权利，因为他知道他已经完成了全方位思考的艰难过程，之后想要有灵感闪现，最好将自己的全部意识从案件本身移开，去关注一些别的事情。

第四步，在大脑中表演一场肉眼看不见的魔术。扬的建议是，在听完音乐会后，回家躺在床上，将一切问题都交给无意识的思考，自己美美地睡上一觉。由于之前有意识的思考已经做好了铺垫，你所期待的灵感会在之后的某个不经意间突然闪现出来，比如刮胡子的时候，洗澡的时候，或者经常是在早上半梦半醒的时候。

第五步也是最后一步，对想到的创意点进行探测、试验、调整，再将其实现。

******

我们都知道尤里卡时刻（eureka moments），即某个想法忽然不请自来。然而扬知道，事实上这种灵感闪现根本不是一场意外。它们源于长久以来的积累和推敲，源于对知识的缓慢、慎重而耐心的储备。

伟大的法国数学家昂利·庞加莱（Henri Poincare）年轻的时候是一名工程师。他有时会被派去调查矿难。有一次，在被派到一个煤矿基地去做勘察前，他一直苦苦挣扎于一个纯数学问题。他之后回忆，那一次的外派经历让他在好几个月以来第一次完全地忘记了那个问题。然而，就在那时，他的无意识思考开始起作用：

> 抵达库特塞斯后，我们乘公共马车去四处转转。当我跨上踏板的瞬间，脑子里突然闪现了一个想法——我曾用来定义富克斯函数（Fuchsian functions）的诸变换跟非欧几何中的诸变换是完全一致的。然而在这之前，我从未这么想过。我当时因坐下之后又继续跟人聊起刚才未完的话题而无暇顾及，所以没有立即验证这个想法，但内心却深感其确定性。回到卡昂之后，为了确保无误，我在闲暇之余验证了这个结果。

庞加莱回忆说，当时看来是徒劳的数学想法的积累，事实上为他的顿悟做出了必要的准备。在他的无意识中，这些想法都变成了"机动的微粒"，不断地相互碰撞，不断地将自我归类，再归类到更加复杂的组合之中，直到最终将"最美的"结果呈现在意识之中，就像那一次踏上公共马车时的经历。

近年来，科学家一直都在检测人们处于半意识状态或无意识状态下进行创作时的神经结构。从卡夫卡到爱迪生，艺术家们和发明者们都依赖于这种状态去寻找灵感。科学家们发现在快速眼动睡眠（REM）中，也就是梦境很清晰的时候，我们的创造力的确会提升。这其中可能的原因是，在这个阶段大脑能够最流畅地联系起不同的知识组合网络。

这是卢梭及其追随者们的另一个误区。我们所学习的客观事实不会待在我们的无意识里，它们不是静止、孤立的存在，也不是只有在回忆的时候才能派上用场。它们能够在我们意识清醒的时候，以我们意想不到的方式去参与完成各种任务。睡眠对长期记忆的作用，就有如酒精在派对上的作用一样。当大脑的意识失去了对思考的控制，我们记忆中储备的信息就开始更加自由地相互交换，不同领域之间的知识也能建立起联系。调动大脑所有资源来思考某个特定问题一整天后，往往正是这种"下班后的社交时间"最能出现最后的突破口。

人类的记忆相对于机器来说效率很低且不可靠，但是正是这种不可预测性成为了创造力的来源。它能做出一些我们在清醒时所想不到的连接，能将那些被清醒的意识隔离开的微粒撞击到一起。它使得人类能够在无意识的大脑中创造出全新的模式，发现新的强有力的类比，最终获得最具创新的重大突破。然而现在的数字数据库还无法实现这种"意外之得"。我们将记忆外包给谷歌越多，从无意识状态里收获的美妙的意外创新就越少。

虽然有创造力的人经常在梦里获得灵感，但是并不等于做梦本身是一个必然的创作行为。教育学作家、教师黛西·克里斯托多罗（Daisy Christodoulou）举了这样一个例子。有一个学校要求学生"像设计师一样去思考"，并鼓励做白日梦。她指出，专业人士的白日梦与初学者的白日梦有着很大的不同。专业设计师有着强大的背景知识储备并且熟悉其过程，而这些都会存在于他们的梦里。

詹姆斯·韦伯·扬在这本书的总结部分回到了最初的论题——终身保持好奇心的重要性。"有一步，我想要强调一下——对于一般素材的累积……不断扩展拥有的经验，无论是来自己的还是间接感受到的，的确对任何需要创意的工作来说都是极为重要的。"建立数据库是创意产生最有效的途径，当自己的创意实现之后也将被纳入别人的数据库之中。

| 像"狐猬"^①一样觅食 |

如果你的工作需要掌握很多的知识，那么你需要采用一个学习策略。在有限的领域深入挖掘成为一名专家，与在广阔的领域粗略了解成为一名全才，哪个才是更好的选择呢？

20 世纪是一个对专家的需求与日俱增的年代。对一个历史学家来说，只是精通美国南北战争的历史是不够的，甚至需要达到精通每一首南北战争时期的进行曲的程度。如今唐·德雷柏（Don Draper）是不会向客户介绍自己是一名广告人的，他会说自己是社交媒体专家或是品牌内容专家。硅谷的公司不仅仅是在竞相雇用最杰出的软件工程师，而且还在雇用那些会基于 iOS 操作系统或是安卓操作系统编写应用程序的最有经验的专业人士。

但是数字革命，或者更准确地说是由数字技术或有线技术带来的一系列革命却创造了相反的趋势。保拉·安特那利（Paola Antonelli）是纽约现代艺术博物馆（MoMA）建筑与设计部门的资深策展人。她告诉我，策展人分为两类：保存者和收集者。她坚决让自己成为后一种类型。^②安特那利自诩为一个全才，热衷于收集和整合来自各个领域的不同素材，从设计和建筑到科学、技术及哲学。她将自己描绘为一只"好奇的章鱼"。"我总是在不停地伸出我的触角，然后从各个地方寻觅收获。"她说道。

安特那利告诉我，设计师们日益发现自己更多的是在一个团队里工作，需要快速适应其他类型的知识。她说，现在几乎没有只做设计的设计师了，但是一些书籍设计师是例外，他们只设计与图书相关的内容。如今的设计师需要与工程师、市场营销人员或者会计师一起合作。安特那利说："比如你是一个品牌设计师，要为得克萨斯州的某家石油企业打造企业形象。那么你将需要组建一

---

① 狐狸刺猬的组合词，原文为 foxhog（fox 指狐狸，hog 是 hedgehog 的三个字母，指刺猬）。
——译者注
② 安特那利告诉我，这种分类的说法同样也是从在 MoMA 工作的一位前辈那里学到的。

个团队，其中包括一名石油方面的专家。而且你甚至需要了解石油从地下开采出来的过程，否则你大概无法想出好的方案。"

随着数字科技越来越多地渗透到我们的生活中，各个领域之间的界线也越来越模糊。安特那利说："逐渐地，设计师们不仅需要思考事物本身的设计，还需要考虑用户体验和交互过程。"如今的设计师需要具备比以往任何时候都要更加丰富的才能，这就意味着需要对别人拥有的知识感到好奇。如果你想要在当下的音乐界获得成功，你需要了解社交网络；如果你想让自己在语言学方面有些知名度，你需要掌握数据分析。

甚至像运动这种通常被认为只关乎身体的领域，也越来越有技术含量，并且要求有多学科的综合能力。例如，如今要想成为一名成功的足球教练，你需要积累丰富的战术知识，还需要了解一些统计学和心理学，甚至经济学知识。而在过去，大家认为成为一名教练唯一的硬性要求是，从前也是一名成功的足球运动员。但是，欧洲那些最大的足球俱乐部的教练现在已经逐渐变成了一群因有伤病或只是因为踢得不够好而提前结束运动员职业生涯的人。皇马和切尔西的主教练何塞·穆里尼奥（José Mourinho）便是一个很好的例子，当他被问及为什么会出现这样的趋势时，他回答说："有更多的时间去研究。"[①]

我们知道新的想法是从不同领域之间的交织融合中获得的。它往往萌生于一个知识渊博的人的大脑之中。DNA 的发现者弗朗西斯·克里克（Francis Crick）是一名物理学家，他说正是自己的这一背景给予他自信，去解决那个在

---

① 亚历克斯·弗格森爵士（Sir Alex Ferguson）大概是英国足球界公认的最杰出的教练。他也是很年轻便开始了职业的执教生涯（32 岁就担任圣米伦足球俱乐部主教练）。弗格森曾经是一名造船工人，从未上过大学的他却有着强烈的求知欲。当他在学习职业教练课程的同时，他还成为了红酒、赛马、关于亚布拉罕·林肯的生平及美国独立战争等方面的专家。同时，他还是一名狂热的电影迷和"贪婪"的读者，完整阅读了罗伯特·卡罗（Robert Caro）编著的林登·约翰逊（Lyndon B Johnson）的传记。说得委婉些，兴趣爱好能达到如此广度可不是足球界的一般标准。弗格森所拥有的必胜决心及善于鼓舞士气的能力被广为称颂，而他的认识性好奇无疑对其成功起到了很大的作用。在他事业最辉煌的那几十年里，足球界发生了翻天覆地的变化，但弗格森总能很快适应。当诸如统计分析技术等创新被引入足球运动时，许多与他同辈的主教练都不屑一顾，依然只是守着他们过去了解到的东西。我猜想，弗格森大概也会把他们的反应当作一种有趣的事实来学习吧。

生物学家看来根本不可能解决的问题。毕加索将非洲的雕塑与西方的绘画结合在一起，创造了一种全新的艺术形式。

在人才市场上，最紧俏的总是那些拥有别人不具备的专长的人，然而广泛的知识面也越来越有价值。这两种趋势形成了一种动态的平衡。你应该集中精力于自己的专业不断深入学习呢，还是扩展知识背景呢？

这个问题让我想到了刺猬和狐狸的故事。这个故事流传已久，有着各种版本，但是其核心内容总是一致的。狐狸躲避敌人的方法很多样，有创造力但是耗费精力，而刺猬只采用一种试验过并值得信赖的策略——蹲下蜷起来，用自己的刺来进行自我保护。古希腊诗人阿尔齐洛科斯（Archilochus）曾说："狐狸知道很多事情，但刺猬只知道一件非常重要的事情。"

哲学家以赛亚·伯林（Isaiah Berlin）认为所有的思想家都可以被分为这两类。有些思想家会透过每个具体的观点来理解整个世界，而有些则是乐于从不同的角度来审视。柏拉图是一只刺猬，而蒙田则是一只狐狸。托尔斯泰认为自己是一只刺猬，但在写作时却不由自主地表现得像一只狐狸。你还可以将这种分类方式应用到政界或商界。罗纳德·里根是一只刺猬，而比尔·克林顿是一只狐狸。斯蒂夫·沃兹尼亚克是一只刺猬，史蒂夫·乔布斯是一只狐狸，这大概也解释了为什么他们能合作得如此成功。

能在当下或是将来得到最好发展的思想家将是这两种动物的混合体。在一个竞争激烈且高度信息化的世界里，能精通一个或两个方面的知识是至关重要的，这就要求无论在深度上还是细节上，你精通的程度都要高于自己的同代人。但若真正想让自己这一优势发扬光大，你还需要有能从不同角度来思考问题的能力，能够与有不同专长的人有效地沟通协作。

举例来说，查尔斯·达尔文比世界上任何一个人都了解蚯蚓的生命周期和雀科鸟的喙，然而这一切却是因为他受到了经济学家托马斯·马尔萨斯（Thomas Malthus）的著作的影响，使他能够超越其他自然学家，创建适用于一切生命体的理论。如果达尔文只是广泛阅读而没有深入研究生物学，他将永远悟不出这个伟大的想法（可能即使他想到了，也无法让人信服）。如果他不是对其他领域的知识如此渴求，可能就不会有灵感闪现，让他得以发现潜在的进化逻辑。达尔文是一种肯定不被他承认的物种的原型——"狐狌"。

查理·芒格是沃伦·巴菲特的商业伙伴，同时也是他们共同创办的传奇投资公司伯克希尔·哈撒韦的副总裁，他被认为是世界上最成功的投资人之一。他对股票的选择技巧了如指掌，在买卖方面的丰富经验更是无人能及。但这并不足以说明他的杰出，因为还有其他人在这方面也同样达到了与他相当的造诣，尽管这样高水平的人并不多见。让芒格遥遥领先于同行的是他对于知识的寻觅就像一只"狐狌"，他经常会阅读大量自己专业领域之外的信息，并试图将它们整合及再整合。芒格积极地融入多模型结构的工作方式之中，并坚定地认为这种方式极为重要。当面对一项业务时，他会从数学、经济学、工程学、心理学及其他学科的角度一并来审视。芒格说，运用多模型结构至关重要，因为它能给你带来别人想不出的不同的答案，哪怕有时候所有人都在看完全相同的数据。这种工作方式能将现实改编成故事，将信息转化为灵感。芒格认为广度与深度同样重要，"在你成为一名杰出的股票经理人之前，"他说，"你需要接受一些广泛的基础性教育。"

"狐狌"们有着 IBM 所谓的"T 型知识结构"。21 世纪最有价值的工作者会把某一方面的资深技术（"T"中的竖线）与对其他学科的广泛了解（"T"中的横线）结合起来。前者可以让他们完成一些需要某一特定专业知识或技能的项目，后者让他们可以发现这些项目与其他学科一些潜在的联系。拥有核心竞争力使"狐狌"们在其所在组织中及以外的地方都有"独特的卖点"（USP），让他们能够在市场中脱颖而出，而 T 的那一条横线又使他们可以与有着不同背景的同事积极协作，在职业生涯中适应不同的挑战。

统计学家、作家内特·西尔弗（Nate Silver）便是一个当代成功的"狐狌"的例子。西尔弗最初因开发了一个能够预测职业棒球大联盟球员表现的系统而得到认可，但他的兴趣点总是远在体育运动之外。2008 年，当总统选举开始之后，他创建了一个关于此内容的博客——FiveThirtyEight.com（博客名是 538，是指美国大选选举团的投票总数）。在"538"中，他将自己开发的统计系统应用于分析和预测党内初选及之后的普选结果，都获得了令人惊叹的准确率。他进入《纽约时报》工作后，在 2012 年做了同样的分析和预测，最后的结果达到了近似完美的精确度，击败了传统的预测权威而名噪一时。2013 年，他被 ESPN 电视网挖去运营一个"数据新闻"网站，将统计分析技术扩展到了多个领域，从体育运动到政界、影视行业等。

在统计学方面，世界上可能有比西尔弗造诣更深的专家，而他之所以能够脱颖而出是因为他有能力将自己感兴趣的那些可以量化的专业技能与对其他领域的兴趣结合在一起，使得他能够给出一种较别人更具独特视角且通常更有价值的分析。西尔弗提倡多领域涉足的教育理念，他曾在接受《哈佛商业评论》采访时说："最难教的东西是对于什么问题值得问的直觉。求知欲……如果你选择接受教育，那么最好选择多样化的教育，这样才能在各方面得到提升……那些专业的技术完全可以日后再学习，并且当你面对那些想要解决的问题或物质激励时，往往会更有动力去学习更多的技能。所以，不要太早专业化是非常重要的。"①

在看到亚洲的教育系统在输出科学家和工程师方面的成功之后，西方的决策者们深感震惊并开始担心将要面临的经济上的竞争，于是他们开始主张学院和大学应该专注于培养"刺猬"，也就是那些在毕业之后能够非常对口地找到工作的专业人士。但这仅仅只是看到了教育的一面。在亚洲经济最发达地区的教育者们知道，西方那些最好的大学所擅长的广博的、跨学科的传统教育方式在 21 世纪依然同 20 世纪一样有价值。以下是新加坡国立大学校长陈祝全教授说的一段话：

---

① 按照伯林的分类方法，西尔弗将自己归类为狐狸，但我认为是他将知识的深度和广度结合起来的能力才使得他如此成功。

让我越来越信服的一件事就是拥有广阔的知识面的重要性。这其中有两个理由。第一，我们在工作和生活中遇到的许多问题都很复杂，涉及不同的学科和知识领域。如果没有一个广阔的知识基础，你就看不见潜在的跨学科的联系。第二，我们过去预计一个人一生要从事3个或4个不同的工作，然而现在一个毕业生将平均有10～12个工作。这些工作内容跨度很大，往往涉及许多完全不同的学科，所以你必须有广阔的知识基础才能更好地调整自己以适应不同类型的工作。

关于刺猬与狐狸的讨论经常衍变为到底选择做刺猬好还是狐狸好。但是，如今的社会既需要专家，也需要那些能从毫不相干的多个领域中获得突破性见解的人。因此，我们需要同时在这两方面做出努力。我们需要成为"狐猬"。

| 询问关键的"为什么" |

在2007年3月26日这一天，有两个人并排坐下，宣读了事先准备好的声明，全世界数以百万的人正在电视机前观看这一幕。这两人分别是北爱尔兰强硬派新教领袖伊恩·佩斯利（Ian Paisley）和被认为是爱尔兰共和军前指挥官的天主教徒盖瑞·亚当斯（Gerry Adams）。他们曾势不两立，各自体现着双方存在着教派之间最无法通融妥协的障碍，在过去几十年所引发的冲突导致了数以千计的人丧生，毁掉了无数的家庭。而如今，令人难以置信的是，他们不仅坐在了一起，还宣誓将共同合作。

镜头以外的某个角落坐着另一个人，他是为数不多的几个能为将这一积怨已久并被视为不可调和的冲突画上句号的人物之一，这个人便是乔纳森·鲍威尔（Jonathan Powell），在托尼·布莱尔担任首相和英国政府在北爱尔兰的首席谈判代表的整个时期，他都是其幕僚长。鲍威尔在他有关和平谈判的著作《大仇，小室：北爱尔兰和平》（*Great Hatred, Little Room*）里讲述了与对立双方的核心人物长达十年、看似永无止尽的系列会议。其中有些会议是在伦敦或者爱尔兰舒适的会议室里举行的，而剩下的更秘密或是更危险的会议则是在爱尔兰共和军社区中心的一些房子或教堂里举行的——不是那种能看到夹着配有高贵饰品的公文包的人走来走去的地方。

鲍威尔的个子很高，人到中年仍留着稚气的卷发。他非常招人喜欢，笑起来的时候眼睛会弯成一个月牙，但他非常敏锐，说话和思考的速度快得惊人。尽管他的职业是外交官（还写了一本令人佩服的关于马基雅维利的著作），但他仍保持着直率的性格。他给人的印象是，就算会冒犯你也绝不会欺骗你。这大概是一种对于他现在的工作来说很有帮助的品质，因为若要谈判成功，他需要取得那些不相信任何人的人的信任。

鲍威尔领导了一个非政府组织，该组织斡旋于政府和恐怖分子之间。基于政治和安全方面的考虑，政治家和外交官通常不愿意与恐怖分子会面，但是他们又会经常意识到需要通过与恐怖分子沟通交流，来永久性地平息一场持久的冲突。鲍威尔就为政府提供了这样一个秘密的途径来接触那些地下组织，在双方未准备好直接谈判之前担任他们的中间人。

当我跟他聊天时，他告诉我，目前他正参与全世界 8 个不同的冲突。[1] 他刚与家人从康沃尔回来，度假到一半被强行召回飞往南美洲。[2] 鲍威尔不能告诉我他工作上的细节，但是很乐意讨论我希望与他交流的话题——好奇心在谈判中的作用。

哈佛大学商学院教授迪帕克·马哈特拉（Deepak Malhotra）与麦克斯·巴泽曼（Max H. Bazerman）合著的《哈佛经典谈判术》（*Negotiation Genius*）一书中讲述了一个名叫克里斯的美国商人的故事。克里斯的公司在与欧洲的一家公司协商购买一种新保健品的原料。双方在价格上达成了一致，却因专属权问题

---

① 鲍威尔的工作性质需要他花很多时间与那些专门杀死平民的人相处。"这如同每天都活在……刀口上般紧张吧？"我问道。"是的，可能会非常危险。"他回答道。
② 我想这大概不是巧合，就在我们的谈话结束不久，新闻里就播出了哥伦比亚革命武装力量恐怖组织与哥伦比亚政府进行了近十年来的第一次和平谈判。

使谈判一度陷入了僵局。欧洲一方无法接受美国方提出的该原料不得再售予其他任何美方竞争者的要求。美方的谈判者给出了更高的价格，但是对方不为所动。于是美方使出了最后一招，派了克里斯前往欧洲并参与谈判会议。马哈特拉和巴泽曼是如此描述接下来所发生的事情的：

> 当克里斯到达欧洲并在谈判桌旁坐下之时，关于专属权的问题还在争辩中。在大致听了双方的发言之后，他忽然说了一个简单的词，但却改变了谈判的结果……这个词就是"为什么"。
>
> 克里斯就问了供应方一个简单的问题，为什么他们不愿意把这种原料的专属权给一个同意他们生产多少就买多少的大公司。供应方的回答出乎人们的意料，他说签署专属权会违背他与他表兄之间的一份协议，因为这位表兄每年会跟他购买 250 磅的该种原料来生产一种只在当地出售的产品。得知这一信息之后，克里斯提出了一个解决方案，迅速帮助两家公司达成了一份协议，即供应方除了每年可售予其表兄几百磅该原料之外，将为购买方提供专属权。

克里斯的同事们之所以没有问这个问题，大概是因为他们自以为知道答案，并没有想可能存在着"未知的未知"。谈判专家戴安·莱文（Diane Levin）在评论这个故事时指出，他们也可能是被社会压力所禁锢住了。问一些尖锐的问题可能会被视为没有教养，或者让我们感到自己显得很愚蠢，但是有关谈判学的指导教材都写明了问"为什么"对于解开盘根错节的矛盾起着至关重要的作用。《沃顿商学院最实用的谈判课》（*Bargaining for Advantage*）的作者理查德·谢尔（Richard Shell）大力推崇那些有经验的谈判者所拥有的"不留余地的好奇心"。在经典著作《调解者的素养》（*The Making of a Mediator*）一书中，迈克尔·朗（Michael Lang）和艾莉森·泰勒（Alison Taylor）极力推崇"忠于自己的好奇心和探索精神"。

对于谈判（或者调解），乔纳森·鲍威尔不提倡做出那种单纯为了满足自身好奇心的行为，他总是非常谨慎，避免问出一些无休止且无意义的问题。但他指出，如果各方都完全从自己的角度去理解对方的谈判立场，那么最可能的结果就是陷入僵局。他说，想要解决问题的关键就是问清楚提出要求的背后有什么情况，最根本的问题不是"什么"，而是"为什么"。

如果谈判双方的议题是关于之前已经达成的协议，那么谈判就变成了只要一方获利，另一方就必有损失的拉锯战。鲍威尔说："但是，如果你问了对方真正想要什么或是需要什么，那么你将更可能想出一种有创造力的解决方案。"这就意味着需要先问出一些直指核心的、敏锐的问题，从而迫使对方偏离事先准备好的路线，再进一步让对方说出他们的困难所在。这也意味着我们需要仔细聆听对方的回答。

这听起来似乎很简单，但是鲍威尔指出，谈判者总是一遍又一遍地犯同样的错误。"令我感到震惊的是，人们在参加谈判会议的时候竟不会想去试着真正了解对方的思维方式。好的谈判者是聪明的聆听者，他们不会仅仅听完对方的陈述就表达出自己一方的态度，他们会边听边思考，去试着理解别人为什么会有这样的要求或考虑。"

鲍威尔所描述的这种态度在医患关系领域中被称为"同理性好奇"。加州大学伯克利分校生物伦理学家约迪·哈尔彭（Jodi Halpern）曾经是一名职业精神病医师。[①] 她发现，如果医生真切地表现出对病人很感兴趣，而不是按照职业惯例不带有任何附加情感以求客观的话，病人往往能有更好的治疗效果。她还发现，就算医生对病人表现出了很真诚的同情心，有时候也很难获悉病人的真正需求或回应。在 2001 年，她写了一部很具影响力的著作，提出同理心比同情心更重要，因为同理心会让医生去试着有意识地对病人的视角产生好奇。哈尔彭说："大部分人都有着同理性好奇的能力，会真心地对另一个人的未来感兴趣或是有情感上的积极回应，但是他们能够开启这种能力，也能够关闭。"而医生关闭的频率过高了。

---

① 哈尔彭在提到临床实践时用到了"同理性好奇"一词。在本书里，我将这个概念扩展开来，是指感兴趣于别人的想法和感受。不过，这其实和它最初的用法是一致的。

所以，按照鲍威尔所说，谈判专家、商界或是政府部门的决策者往往会设想谈判的理想结果是所有人的付出与回报大致相等。然而持续的争论通常是源于一些潜在的道德上的或是情感上的冲突，跟实质性的谈判内容没什么关系。作为一名谈判者或是协调人，只有运用有意识的好奇心才能识别出这些深层次的动机所在，进而找出合适的解决办法。

从 2004 年到 2008 年，社会心理学家杰里米·金格斯（Jeremy Ginges）和人类学家斯科特·阿特兰（Scott Atran）对近 4 000 名巴勒斯坦人和以色列人做了一项调查，涵盖多个政治和社会形态，包括难民、哈马斯的支持者以及约旦河西岸的以色列定居者。他们让参与者们对一系列虚构的但具有现实性的和平协议作出反馈。双方几乎所有的人都完全拒绝了协议。当问及原因时，他们会说这其中涉及的价值对他们来说是神圣不可侵犯的。许多以色列定居者说他们绝不会考虑交易约旦河西岸的任何一寸领土，因为那是上帝给予他们的恩赐。巴勒斯坦人则认为领土收回的权力是神圣的，而不能视为让对方做出让步的交易筹码。

心理学家菲利普·泰特洛克（Philip Tetlock）把这种效应称为"禁忌的权衡"。当谈判的参与者们被要求用一些他们认为很神圣的存在去换取一些世俗的、物质的东西时，他们会变得很愤怒、很顽固，完全不会理睬关于自己损失或获利上的逻辑分析。事实上，物质方面的提议会带来事与愿违的结果。与经典的经济理论相反，有财务激励的协议比起完全无金钱交易的协议反而更不会让人们做出让步。

当阿特兰和金格斯在虚构的协议中加入货币激励时，例如答应每年付给巴勒斯坦 100 亿，受益一方甚至表现得比之前更为愤怒。研究者还同辩论双方的领袖人物进行了谈话，结果发现，虽然他们已是久经沙场的谈判者，但在面对财务提议时依然会有一种类似的反应。"不，我们不会以任何价格出卖自己。"当研究者们建议将美国的援助加到协议里时，一位哈马斯领袖如此回答道。

阿特兰和金格斯发现唯一可能打破僵局的是带有情感因素的象征性。巴勒斯坦强硬派会更愿意去考虑承认以色列生存的权利，如果以色列人愿意对 1948 年战争中驱赶巴勒斯坦人的行为做出正式的道歉。而以色列的参与者们回应说会考虑将边界线划回到 1967 年战争发生之前的大致区域，如果巴勒斯坦群体明确地承认以色列生存的权力。

西方的调解者是在假设谈判双方都是理性行为者的原则上进行调节的，所以他们会对这种态度感到束手无策。政治家们有时候会谈论到用讲究实际的办法去解决那些矛盾或争端，和平会因为某些物质上的改观而自然而然地出现，例如增加就业或者享受电能供应。在这些方面的努力固然有所帮助，但也会使局面陷入价值观更为尖锐的信仰冲突之中，那些价值观扎根于他们内心对于身份和道德怀有的强烈信念。如果能找到解决争端的正确答案，那么它会深埋在"为什么"的问题里，而不是"什么"的问题里。而只有对对方的基本信仰和感受足够好奇的谈判者才能发现这一关键答案。

鲍威尔说，在北爱尔兰，"很长一段时间，我们都对解除武装（解除爱尔兰共和军武力）的问题束手无策。情况演变为一种零和博弈。爱尔兰共和军表示如果他们在被邀请与统一党共同掌权之前放弃武装，那就意味着放弃了手中的王牌。而统一党说他们不会与拥有私有武装的人共事。双方的立场都有道理，但是结果却是一个僵局，所以我们需要做的就是提问。"什么对你们来说是真正重要的？"

最终我们发现，很显然，统一党并不是真的想要解除武装，毕竟爱尔兰共和军如果愿意总能获得新的武器。他们需要的是爱尔兰共和军能迈出这象征性的一步，向公众宣布永久性放弃暴力行为。而对于爱尔兰共和军，他们也根本没有再进行暴力行为的意图，但却不愿显得他们好像是被迫投降的。在这场冲突中，对于颜面、骄傲和尊重等无形资产的追求丝毫不少于对物质上的追求。

鲍威尔和布莱尔需要找到一种既不用解除武装又能有足够象征性意义的方法。鲍威尔说："武器备用站的概念来自科索沃和波斯尼亚。英国的陆军上将告诉我，因为他们无法让人们放弃武装，于是就让双方都能检查对方的武器。于是我去了西贝尔法斯特的一栋房子，见了盖瑞·亚当斯（Gerry Adams）并把这个提议告诉了他。他说：'我们绝对不可能接受这个要求。'"结果一个月后，亚当斯再见鲍威尔时，说出了同样的提议。

将武器掩藏起来这具有象征性的一步打开了持久性的和平的局面。鲍威尔告诉我："恐怖分子组织也不愿被视为罪犯，更愿被人们理解为发起合法的政治运动。"显然，这里的"合法性"就是指获得尊重。

美国最具影响力的陆军上将之一斯坦利·麦克里斯特尔（Stanley McChrystal）以博学和作战方式冷酷而闻名，在伊拉克战争和阿富汗战争中起到了至关重要的作用。在退休后接受的一次采访中，他总结了美国军队在入侵巴格达之后的几年里不断调整适应的艰难过程。这个过程最终持久性地减少了暴力行为，尽管来得有些迟。他说："刚一开始，我们的问题是'敌人在哪里'，这是一个有关情报的问题。当我们变得精明一些后，开始问'敌人是谁'，并自以为非常聪明。接着我们意识到那并不是一个正确的问题，于是我们问'敌人在做什么或者正要做什么'，又过了很久之后，我们才问'为什么他们是敌人'。"

美国军队经常被认为只看重短期的结果而忽视了长期的目标。然而这不是只有军队里才有的问题。我们的文化总是倾向于自认为问了"什么"就能代替"为什么"。如果可以，我们会避免情绪和起因上那些是非不明的东西，而仅仅专注于那些可衡量的。大部分经济学家都会用到一套人类行为模式，这种模式将个体视为理性的行动者，会对激励诱因和抑制诱因作出反应，但不具备深层次的情感复杂性。投资者会根据公司的季度财报来对其进行估值，而不是评估其长期策略。

在20世纪很长的一段时间里，甚至连心理学家都不再关心为什么人类会有一些特定的行为，而只专注于行为本身。行为学家在20世纪三四十年代里主导着这方面的研究，他们认为试图去猜透人们内心的感受、想法或者渴望都是徒劳无益的，唯一正确的研究对象应该是行为与环境、刺激物及其所作反应之间的相互作用。直到20世纪50年代"认知革命"（cognitive revolution）的到来，才使询问动机再一次变得可以被接受。

时下，从人们对大数据的热情能看出"为什么"的问题又回到了被不予关注的年代之前的程度。呈指数级增长的计算机处理速度以及无所不在的可访问互联网的数字设备都说明，有关人类活动的可用信息比史上任何时候都充足。商家从网络和手机的使用中获取数据并作出分析，以此判断消费者们下一步要买什么。社会学科学家、记者和活动家也用类似的技术来统筹及预测疾病、犯罪和饥荒的蔓延。

比如，失败国家指数（Failed State Index）就是一种用于衡量全世界范围内哪些国家面临崩溃的科学方法。这项指数以 12 个不同的指标去评估各个国家，每个指标代表这一年内，某个国家在该方面所承受的压力，包括难民潮、贫困及安全威胁等。数据是从超过 13 多个公开的信息来源里提取的。它的目标是为政策制定者和广大民众提供一个可能发生冲突的早期预警。

《连线》杂志前编辑克里斯·安德森（Chris Anderson）特别支持这类技术。他说："在所有人类行为学的理论里，从语言学到社会学，先排除分类学、本体论和心理学，谁能知道人们为什么要做出某个行为？问题在于只要他们做出了某个行为，我们就能够高度精确地进行追踪和衡量。只要有了足够多的数据，结果自然而然就呈现出来了。"安德森认为，当你在积累大数据时，就没有必要再关心为什么了。每个问题都应被视为一个谜题而不是一个奥秘。然而，这种分析并不适用于所有事情。失败国家指数就完全没有预测出中东及北非国家在 2012 年的那场运动。只有那些对相关国家的政策和历史有着深刻认识的人才有可能预测到这些事件发生，并能够分析其原因，想出对策。

对于大数据持有更中立意见的作者这样写道："就算我们将其潜在用途发挥到极致，有些特殊的需求还是只有人类才能去完成，如直觉、常识和'意外之得'。"尽管问了关于"什么"的问题对于做出正确决定和探索发现起着关键的作用，但是问"为什么"无论在任何时候也是非常重要的。毕竟这是人类独有的特质之一。若我们不再问为什么，就和坎吉没有太大差别，也就是像高智能的类人猿一样，可以监测环境、提出请求、遵照指示，但无视更深层次的真相，比如对方对自己的真正期望是什么。

| 做一个"思想工匠" |

在 1773 年 10 月某个风雨交加的日子，本杰明·富兰克林带领一队人马来到英格兰南部沿海的朴茨茅斯港，分别登上两条船驶向大海。富兰克林所在的船在距离海岸线 1/4 英里处放下了锚，而另一条船在他的指示下驶出得更远一点，然后开始在这个距离内反复地横跨行驶。同时，在这条船上还有一个人将橄榄油从一个石制瓶子里倒在海浪上。石制瓶子有一个软木塞，中间有一个比鹅毛管稍大点的孔洞，橄榄油便是从那里倒出来的。这个考察队的队长富兰克林就坐在他的小船里兴致勃勃的观看这一切，随着船身上下起伏、左右倾斜，任由冰凉的海水飞溅到他脸上。

富兰克林是在观察橄榄油是否会把海浪弄平。他曾在自己的探险记录中说，对于油能够明显地平复湍流的作用，他感兴趣已久，这可以追溯到 16 年前他作为美国殖民地使节去英格兰执行自己第一次外交任务的经历。途中当他站在船的甲板上时，他注意到自己所在船只的尾迹明显较舰队里的其他船只更为平滑。于是他便去询问船长可能的原因。船长略带不屑地回答他，那是因为厨师们刚把含油脂的废水通过甲板排水孔排到了海里。

1762 年，在一次从英格兰到美国的航行中，富兰克林将油和一根灯芯放进一个盛有水的玻璃杯里，给自己做了一盏阅读灯挂在船舱的天花板上。他不自觉地将自己的注意力从书本转移到那个自制的吊灯上。他注意到当船身摇晃的时候，灯里的水会晃动得很厉害，但是水面上的油层却原地不动，而且到第二天早上油被燃烧得只剩薄薄一层的时候，水也变得不再晃动了。

于是富兰克林便向船上另一位同行人员、一位退休的老船长询问他的想法。这位老人说，百慕大的人们经常用油来平复波涛汹涌的水域，他曾经就在里斯本见过类似的做法。富兰克林在船上询问的另一个人回忆说，地中海的潜水者会嘴里含着油下到水里，到了深水处吐出来以平复身体上面的水域，让更多的亮光可以透下来。

上岸之后，富兰克林向他的一些博学的朋友描述了他所观察到的现象。他的朋友们都认为这个发现很有趣并答应会思考这个问题，但很快也都淡忘了。只有富兰克林没有忘记，他不会忘记任何他无法解释的事情。在一本关于他的传记中如此写道："富兰克林每次喝茶的时候，一定会去思考为什么茶杯里沉底的茶叶会聚集成这种特定形态而不是其他的样子。"

几年之后的一天，在伦敦南部的克拉芬公园里，富兰克林正蹲在大水池边上进行他的实验。这一天刮着大风，当他把一点油倒在从水池边上扩散开的波浪上时，他发现水面立刻平静了下来，如镜面般平滑，一直延展到近1/4的水池面。在此之后，富兰克林无论到哪儿，总是将一小瓶油放在他竹拐杖的凹孔里，这样他就能在沿路遇到的所有小溪、池塘或者湖里做类似的实验。

最终，富兰克林开始好奇这种波浪静止的效应是否不仅对稳定被微风吹动的温和波浪有效，而且还对海面上起伏的激烈波浪同样有效？若果真如此，这是否会有助于船员们在汹涌的水浪中靠岸。富兰克林在伦敦绿园的池塘里将他的实验展示给了荷兰的本廷克伯爵（Count Bentinck）及他的儿子。本廷克的儿子既是一位海军上校，也是一位业余的发明家。本廷克上校立刻邀请富兰克林来到朴茨茅斯，之后在那里为他提供了他做实验所需的船只，还全程陪同其考察整个过程。

几乎没有什么问题能够逃过富兰克林敏锐的好奇心。当他知道英格兰和美国之间的航程向西比向东要多花两周时间时，他便猜想是否与地球自转有关。但与一位楠塔基特岛捕鲸者聊完之后，他发现是一股暖水流降低了西向行驶的船速，提高了东向行驶的船速。富兰克林将其命名为墨西哥湾暖流（Gulf Stream），并在横渡大西洋时追踪海洋温度，最早在航线图中将其标志出来。在整个航行中，他每一天都会出现在甲板上，读取并记录水体的温度。

由"思考"（think）和"捣鼓"（tinker）合成动词"寻思捣鼓"（thinker）并无据可查。我是从在 MoMA 工作的保拉·安特那利那里知道的这个词，而她又是从 2007 年听的一场报告中知道的。报告的主讲人是硅谷的传奇人物约翰·西里·布朗（John Seely Brown），他在 2000 年之前一直担任闻名遐迩的施乐公司帕罗奥托研究中心（Xerox Palo Alto Research Center）的主任。布朗和安特那利用这个词来描述一种需要社交和协作的工作方式。在这里，我用这个词来指代一种认知性调查研究的类型，这种调查研究既有具体的也有抽象的思考，时刻将细节与大局紧密连在一起，拉远了能看见整个树林，拉近了能清楚地检视到树皮。风险投资人及易趣创始人彼得·泰尔（Peter Thiel）曾为斯坦福大学的学生做过一系列关于企业家精神的主题演讲，他说："在商界或者在人生中，人们面对的最基本的挑战是整合微观事物和宏观事物，以便让一切都合理。主修人类学的人可能对这个世界非常了解，但并不能从自己的研究中真正学到职业技能。反过来说，主修工程学的人会学到大量的技术细节，但可能并没有学到在工作中为什么、如何以及在哪里去应用他们的技能。最好的学生、工作者及思想家会将这些问题整合到一个紧密联系的整体之中。"

泰尔所描述的这种方式正是我所指的"寻思捣鼓"。本杰明·富兰克林就是这类人的典型，我称之为"思想工匠（thinkerer）"。尽管他确实是个知识分子，但他并不符合大众心里哲学家的形象。大家所想的是奥古斯特·罗丹（Auguste Rodin）所雕刻出的那样一位从容的、独自静坐的沉思者，他完全不为外界任何纷扰所动。富兰克林是一个行动派，一位成果数量惊人的实干家，他能够为已有的东西建立美好的愿景，比如印刷机，还能够看到新事物的未来，比如消防系统和民主共和国。他很爱体育运动（他曾经在泰晤士河里从切尔西游到了威斯敏斯特），也积极社交，喜欢同朋友或新结识的人坐在一起喝咖啡、聊天，探讨如何能把这个世界变得更美好。他既会在家里与人讨论一些空想的抽象概念，如自由或道德，也十分乐于与别人一起外出活动，事实上，他正是在那些活动中结交了可以共同思考和讨论问题的人。富兰克林对生活充满了热爱，他经常沉浸于无限的惊喜、奇思妙想及不确定性中。他的认识性好奇是通过不断做实验来得到满足的，比如他想知道当把油倒到池塘水面上之后会发生什么。18 世纪，有很多人在捣鼓莱顿瓶（Leyden jars），但是却没有人像富兰克林那样去思考瓶里产生的爆裂与天空中的闪电有什么联系。

在 20 世纪 90 年代，经济学家罗伯特·莱克（Robert Reich）创造了"象征性分析师"（symbolic analysts）一词，用来描述日益兴起的一种职业——采用科技来塑造、操作及出售有意义的东西，而不是生产或转移实物。象征性分析师包括那些在市场营销、软件开发和投资领域工作的人。他们是 PPT 行家，将相同的概念工具应用到人类所试图发展的各个领域。管理咨询服务机构对于一家制作电视节目的公司的认识可能与一家能挽救生命的医院是一样的。

莱克曾对全球经济活动的变迁发表过评论。他看到，以中国为主要代表的发展中国家掌控了世界上大部分的制造工作，而西方国家变成了"知识经济"，他们出产想法而不是商品。然而很多时候，知识经济几乎都没有空间可以容纳像富兰克林给自己制作阅读灯时所获得的那类知识。它更崇尚吸引眼球的想法而不是物理的过程，更看重概念性的重大突破而不是增长的进程。同样，世界上的科技知识也变得越来越专业化，某个领域的专家会发现很难与自己领域外的人进行交流，或者如泰尔所说，很难将自己的微观知识和工作环境中的以及世界上的宏观需求整合到一起。

在 300 年以前，大卫·休谟就意识到一个经济体需要思想者和实干家的平衡发展，这样才会让他们相得益彰。他这样写道："在某一个年代里，若涌现出了大量的哲学家和诗人，则通常也会同时出现技艺精湛的纺织工和造船者。很难想象，一件羊毛纺织物能在一个忽视天文学或者道德沦丧的国度里被完美地制造出来。"同样，我们也无法期待伟大的想法能在一个忽视工艺细节的社会或公司里得以衍生。象征性分析师中的大师之一史蒂夫·乔布斯同样也是一名制造者。以下是他曾说过的一段话：

> 你们知道吗？我离开苹果公司之后，公司遭遇的最不利的一件事
> 就是约翰·斯卡利（John Sculley）患上了一种很严重的疾病。这种疾

病就是认为如果得到了一个很出色的想法，就可以完成 90% 的工作。如果你这样告诉团队里的其他所有人"这就是我的好想法"，当然接下来他们就能将其实现。可是这样做的问题就在于，在好想法和好产品之间存在着不计其数的技术细节……设计一个产品要在脑子里同时装下 5 000 件事情，然后将它们融会贯通到一种全新的、与众不同的方式里，以实现你想要的东西。每一天的新发现可能是一个新问题，也可能是一个新机会，这些都会使情况变得有一点不同，而正是这个过程创造了神奇。

乔布斯才真正配得上现在被滥用的一个头衔——"梦想家"，而且他同样也因专注于细节而闻名。在苹果产品的专利申请中，有 323 项都标有他的名字，因为他是发明者之一（其中包括在苹果零售店里使用的玻璃台阶）。他所表现出来的这种气质并不矛盾，事实上它们是共存的。乔布斯之所以会对个人电脑的未来有不一样的理解，其前提是他花时间去"捣鼓"和研究了施乐公司帕罗奥托研究中心所研发的一款个人电脑 The Alto，而它也正是苹果个人电脑 Mac 的前身。乔布斯称得上一位"思想工匠"。

那些为世界贡献出最伟大想法的人往往也是对细节的狂热追求者。第一次打开《物种起源》（*The Origin of Species*）一书，你会发现它并不是之前你想象中的那种很难读懂的书，也不会意识到它正在宣示着一场知识革命的到来。你所看到的只是一页又一页的有关狗和马的育种问题。达尔文这一改变世界的观点完全产生于实验性的观察之上。与之类似的，如果你读过亚当·斯密的《国富论》就会发现，在任何有关市场"看不见的手"的内容之前，都是对他近距离观察一个图钉工厂运行的描述。

富兰克林在朴茨茅斯港做的实验失败了。他及他的实验团队在观察船周边的水面平复情况时发现，油膜对于白色浪花的高度和强度几乎不起任何作用，海浪会冲着船的方向形成浪峰并在海岸线上消散。但这并不会使富兰克林感到气馁。他会仔细记录下实验中的各个细节，哪怕是那些未成功的情况，因为它们可能会为将来的尝试提供修订的线索。事实上，富兰克林的油膜静水实验一直产生着影响力。《生物物理学期刊》（*Biophysical Journal*）最近发表的一篇文章证实，他们激发了后来的科学家的灵感，去研究水面上只有一个分子厚度的薄膜（单分子层）的活动，并最终更好地理解了细胞膜的属性——一种包裹着组成所有生命体的基本组件的半渗透性薄膜。

我们现在所生活的世界与本杰明·富兰克林的时代有着千差万别，科学技术远比那个时代复杂，这也导致我们的世界与之相比更为抽象。我们大部分人甚至不知道从何处开始去理解一辆现代汽车的引擎是如何运转的，或者一部智能手机是如何工作的。数字革命正是建立在抽象性这个原理上——整个世界被转换成了"0"和"1"的组合。互联网让我们可以对所有信息的标题栏进行浏览和跳跃，选出其中的要点而不需要深入了解细节。除非我们努力使自己成为一个"思想工匠"——在有总体规划的同时，刻苦钻研每个细节，既关注过程也关注结果，既看重细节也富有远见，否则我们将永远无法再次体会富兰克林时代的精神。

| 质疑你的茶匙 |

一个寒冷的星期天早上，我站在伦敦东区①一个很长的队伍里。队伍绕过远处的转角看不到头。这个地方挤满了住在伦敦最时髦地区的年轻人，他们通常不会在星期天一大早就起床。他们将自己包裹在厚厚的大衣里面，戴上附有耳罩的羊毛帽子，用带着手套的手指在智能手机的屏幕上滑动。队伍几乎没有移动，我无意中听到有人在说："我们都不能抱怨，不是吗？这就是'无聊大会'

---

① "伦敦东区"是伦敦东部一个非正式认定的地区。此用语源起于19世纪末，带有贬意，意指伦敦东部聚集了大量贫民与外来移民而使人口激增，导致生活环境极度拥挤，且为失业问题困扰。——译者注

（the Boring conference）[1]。"

最终我们还是得以进入一个透着风的维多利亚风格的建筑里。这栋建筑被称为约克大厅，从前是著名的拳击比赛的场地。面向舞台有 500 个座位整齐地排列着。舞台上有一个演讲台，还有一个大屏幕，屏幕上循环播放着一些无聊的郊区街道照片，照片上以无趣的字体显示着一条信息："欢迎来到 2012 无聊大会。今年的会议不会比去年更有趣。"

大家显然无视这样的警告，在大厅里激动地交谈着，时不时能听到一阵欢呼声。在某个角落里正进行着一场比赛，看谁能够坐在一把办公椅里被推一下之后自转得最久。坐在我后排的人讨论着最有效的技术："一旦你快要进入旋转的状态，应该收起双脚并张开双臂，这是动量守恒的原则。"

"无聊大会"的主要推动者詹姆斯·沃德（James Ward）首先走上台，说了一些简短的欢迎辞，尽管大部分内容是在道歉。接着，他介绍了自己今年的会议主题——超市自助结账机的历史，演示题目是"装袋区的不明物体"。[2] 在他之后，一位工作多年的邮递员讲了有关信箱的话题，并提到了被忽视的"鬃毛保护刷"（protective bristles）[3]。

在这之后，一位名叫莱拉·约翰斯顿（Leila Johnston）的穿着颇具个性的年轻女子走上台并告诉观众，她对于 IBM 生产的现金出纳机非常着迷，就像星巴克或者其他零售连锁店所使用的那种。她坚定地认为 IBM 的机器要优于夏普或东芝等其他同类品牌。她在现场展示了购物时所拍下的不同型号的 IBM 机器

---

[1] "无聊大会"是一个以寻常的、显而易见的或被忽视的对象为主题的为期一天的年度演讲讨论会。旨在向人们传递这样一个信息：那些通常被认为是微不足道或毫无意义的事物，若你仔细观察会惊喜地发现其巨大的魅力所在。——译者注
[2] 沃德向我们描述了他曾经是如何在自动结账时，故意仔细地把波多贝罗蘑菇归到了一般蘑菇类，因此诈骗了超市几便士（"当我拿起蘑菇快速离开的时候，一名保安人员就站在我的旁边。我从未感到自己如此地有活力"）。
[3] 是一种在信箱口装上的上下两排猪鬃毛做的硬刷子，这样就只能放进普通的信件而不会有其他传单、宣传册等额外物品。——译者注

的照片（"现在我们看到的是一款很特殊的型号：白色 EPOS5600，是我的'白鲸'"），同时附有的一张谷歌地图标注了商店的位置。一位穿着紧身衬衣的男子谈论了有关如何在家制作出完美的可与酒店制作的相媲美的棕色吐司。他在一开始便解释说，总体上他更赞成将吐司的长边放入面包机，"尽管很显然，这还要取决于吐司的长宽比"。大厅里面尽管气温很低，但气氛却非常热闹，观众对于各个演示都乐在其中。中场休息的时候，会场刻意准备了非常无聊的食物（黄瓜三明治），之后一位音乐记者上台谈论了有关双黄线的问题。

沃德在白天是一名市场营销经理，他同时也是"文具俱乐部"（Stationery Club）的创始人之一，这个俱乐部召集会员一起讨论笔、纸、回形针等文具用品。2010 年，他注意到一个叫"趣味（Interesting）"的会议被取消了，于是他在 Twitter 上半开玩笑地提议到，应该有个"无聊"的会议来替代它。出乎他意料的是，这迅速在 Twitter 上掀起了一股热潮，他得到了很多人的回复，其中包括想要提供赞助的、提出想法和建议的以及表示乐意协助的等。于是他让一些人自己选一个无聊的话题来准备一个简短的演示，并预定了一个集会场地，心里默默希望能有足够多的人愿意买票参会以填补会议支出。结果前 50 张票在 7 分钟内就售完了，剩下的也随即售出。

"无聊大会"的开幕仪式是在伦敦某个剧院楼上的一个房间里举行的。这个剧院长期上演一部由皇后乐团的歌曲改编的音乐剧（于是那一年的大会口号是"We Will Not Rock You"[①]）。沃德从讨论他收集的领带开始了第一次会议，并通过 PPT 表格的形式来展示（比如他提到，单色领带在他的收藏中所占的比例在当年 6 月到 12 月之间从 45.5% 下降到 1.5%）。沃德这一条奇思妙想的推文竟然成了现实生活中一个真正的活动，还获得了英国国内外媒体的报道，连《华尔街日报》都刊登了一篇文章，将沃德美誉为"无聊事物之使节"（envoy of ennui）。

从此之后，这个会议几乎每年都会举办，并随即转移到了更大的集会场地。

---

① 皇后乐团有一首经典歌曲名叫 *We Will Rock You*。——译者注

会议的主旨是关注那些"世俗的、普通的以及被忽视的"对象。多年以来，会上的话题涵盖了电动烘手器、色卡、打喷嚏（讲述这个话题的人写了三年的日记来记录自己打喷嚏的情况）、车库屋顶及公共汽车路线等。在枯燥的讽刺及自嘲式幽默的表面之下，会议隐含着一个重要的目的——向世人展示世上所有的事物都可以很有趣。

沃德博客的名字是借用了安迪·沃霍尔（Andy Warhol）的一则谚语："我喜欢无聊的事物。"沃霍尔让无数的人重新认识了一个他能想到的最无聊且无处不在的事物——汤罐头。沃德说，当他提到某个东西很无聊

> 研究一些小事物是能让我们领略到烦恼散去而无限快乐的伟大艺术。
>
> **塞缪尔·约翰逊**

的时候，是认为它仅仅是表面上看起来无聊，因为我们并没有去关注它。他引用了另一位先锋艺术家、作曲人约翰·凯奇（John Cage）的一句名言："如果2分钟后，你仍然觉得某个东西很无聊，试试4分钟。如果依然无聊，就8分钟、16分钟、32分钟，直到发现原来它一点都不无聊。"

沃德将这个称为"注意力的转化力量"。他说，你可以以任何事物为例，比如车库的屋顶、烘手器、牛奶等，然后关注它，发现其所隐藏的趣味、意义和魅力。莱拉·约翰斯顿告诉约克大厅的人们，她是如何在苏格兰一个靠近IBM工厂的小镇里度过童年时光的。这个工厂是小镇的支柱产业，连火车站都被命名为IBM站。所有人的父母都在那里工作，孩子们曾经把一袋一袋的IBM部件当玩具玩。约翰斯顿解释道，在这样的环境下长大不仅让她一辈子爱好电子产品，也使得她对这个"蓝色巨人（Big Blue）"[①]情有独钟。观众听得很入迷。一个乏味的话题就此被转换成了一个关于我们怎样珍惜童年的故事。

沃德非常崇拜法国作家乔治·佩雷克（Georges Perec）。佩雷克很关注那些与人们生活息息相关但因太常见而不被注意的事物，他称它们为"过于平凡"（infra-ordinary），也就是"非同寻常"（extraordinary）的反义词。我们的餐具

---

① "蓝色巨人"是IBM的昵称。——译者注

或习惯性的措辞是如此显而易见及稀松平常，以至于我们从不会想要去发现其内在的精妙所在。在一篇名为《穷尽巴黎一隅的尝试》（*Attempt at Exhausting a Place in Paris*）的随笔里，佩雷克写道，他在巴黎一家咖啡店靠窗的座位坐下，然后开始描述他能看到的所有事物。第二天他又回到那里做了同样的事情，接着第三天、第四天也一样。他想要知道"若什么事情都不发生会怎么样"。佩雷克鼓励他的读者们去"质疑你的茶匙"。

亨利·詹姆斯曾被赫伯特·乔治·威尔斯（Herbert George Wells）责难，认为他为艺术牺牲了生活。他回应说："我活着，并且是充满热情地活着。生活为我提供了养分，无论我的价值观是怎样的，都是我对于生活的自我表达。艺术点燃了生命，带来了乐趣，创造了重要的价值。"当我们对某个事物感兴趣或是觉得它无聊时，往往会称赞或怪罪于那个事物本身。但是，这个世界上有一部分人就是能够比其他人更擅长发现乐趣。这是一种天赋，或者更确切地说，是一种艺术。亨利·詹姆斯所经历的生活本身大概并不比我们大部分人的生活更有趣，事实上按照威尔斯的说法，这种生活相对来说是很无聊的。但是他在公园散步时会观察周围的事物，在晚餐会上时会不经意偷听闲话，会将这些看似没有什么价值的未加工素材转化为生动的、有想象力的小说。

詹姆斯没有想要追逐不同体验的需求，他更愿意去发现已有经历中的有趣之事。为他编写传记的作家黑兹尔·哈钦森（Hazel Hutchinson）告诉我，詹姆斯大部分小说的灵感来源于从朋友那里听到的趣事："他吸收后反复咀嚼，仔细思考事件里的人为什么会有那样的行为方式。"他对于年轻作家的建议是："试着成为毫不起眼的那一类人中的一员。"

劳拉·麦金纳尼（Laura McInerney）从前是一名教师，现在拿着富布赖特奖学金（Fulbright scholarship）攻读教育学的博士学位。她在念大学时曾在麦当劳工作。在每天早餐的工作时间段，她会经手400多个鸡蛋，"敲碎、打散、煎熟、取出，然后再不断重复！"这是一项极其枯燥的工作，或者至少与她的能力相比是一件很无趣的事情。渐渐地，她开始对鸡蛋感兴趣，经常思考它们是如何因为凝固而变熟——蛋白质持续受热不再溶解而变为固体的过程。

麦金纳尼忽然觉得眼前的每个鸡蛋都变为了一个微缩战场，蛋白质在里面与"热量勇士"们激烈奋战。于是她开始仔细观察每个鸡蛋，看什么位置上的蛋白质最先"战败"，中间的或是边上的。在其他日子里，这些鸡蛋有时会让她想起曾经在历史课上了解到的魏玛时期的德国，一个鸡蛋的价格从 1/4 德国马克变为 40 亿德国马克。有时，她又会从鸡蛋联想到道德问题，思考从鸡那里偷走鸡蛋是否道德。对于麦金纳尼来说，现在对鸡蛋的认识已远超过从前的范畴。

卡罗尔·桑松（Carol Sansone）上大学的时候，认为她正在学习的课程很无聊，于是她开始去上一些自己感兴趣的课程，哪怕并不能计入学分。对于必修课，她是教育家所称的典型的"浅层学习者（surface learner）"：有效分配自己的努力，仅完成获得成功所需的必要工作。而对于那些吸引她的课程，比如艺术史、文学及创造性写作等，她就是一个"深度学习者（deep learner）"，她陶醉在书本之中，吸收着大量的信息并试着去真正理解它们。教这些课程的老师都很高兴看到自己班里有对这门课如此热情的学生，但当知道她并不能为此拿到学分时也颇为疑惑。

桑松自己也感到疑惑。她想知道为什么不仅是她自己的人生，整个世界里都存在着两种截然不同的事——因为重要而不得不做的事，以及为取悦自己而做的事。换句话说，一种是为了达到别人设定的目标所做之事，比如为名校学位、高级职位而奋斗；一种是仅仅因为自己享受做事过程而做的事。如今桑松已是犹他大学的一位心理学教授，一直在研究人们如何能把无聊的事情变得有趣味的策略。

我们都曾对被迫将时间花在自己认为极度乏味的任务上而感同身受，无论是被家长、老师、老板还是被自己的道德观强迫。我们可以找到一些动力去鼓励自己完成任务，比如完成后的收入、老师的肯定，或是设想如果没完成将要面临的问题。然而，我们还可以想办法把这些平凡的事变为能激起自己好奇心的事，因为一旦你开始对其感兴趣，就会更乐意去投入时间。

我们通常认为要调动人的积极性就需要让他们想到未来，想想之后可以实现什么或是成为什么。当老师、人生导师或是私人教练谈到积极性，他们通常专注于"目标"的重要性。比如，若在岗位上努力工作，就将获得晋升；为了能再坚持做一组卧推，就想想自己希望练就的肌肉。这很合乎常理，因为我们都在通过展望未来的利益来使自己完成一些冗长乏味的或不愉悦但又不得不做的事情。但是，这种聚焦于目标的激励方法却有一定的问题，因为若我们只将视线放在未来就不能很好地享受当下，进而很可能感受不到所做之事的有趣之处，也就很容易坚持不下去。

芝加哥大学和韩国商学院的研究者们曾一起合作来研究这种现象。他们征集了100个学生去完成一期健身训练。他们让一半的学生描述自己的目标，例如"我想要减肥"，然后专注于此目标去完成训练；再让另一半学生描述自己的经历，例如健身时拉伸和锻炼是什么感觉，然后接着在整个训练期中思考这种感觉。

在训练开始之前，用目标驱动的那组学生会认为自己将会比另一组学生在跑步机上花费更长的时间。而事实正好与之相反，并且结束之后的汇报结果显示，后者比前者更为享受这次的训练。[①]当我们所有的兴趣都被指向未来的时候，就很容易对现有的东西感到厌倦。关注过程和关注目标的区别与经典的内在动机和外在动机的区别有细微的不同。外在回报并不总是由第三方所提供或是强加。即使是自己设定回报，过程也可能会意外地破坏我们的内在动力。

如果你是一名经理或是老师，鼓励员工或是学生去探寻他们的好奇心是一件好事吗？如果你首先关心的问题是他们能按时完成任务，那这样做就不好。我们知道，对某事物感兴趣就意味着未来的目标会被渐渐淡化得不重要了。桑松及其同事让志愿者们完成一个不断重复的抄写单词的任务。志愿者们自然而

---

① 在此之外，研究者们还做了很多类似的实验，让人们去参与一些其他方面的课程或活动，包括日本折纸课、瑜伽练习和牙线使用培训等。最终的结果也非常类似（很显然，如果你足够努力去探寻，使用牙线也可以很有趣）。

然地开始自娱自乐，比如改变单词抄写的方法或是阅读附带的文字。当他们掌握了这些能增加趣味性的小招数之后，在相同的规定时间内抄写单词的数目较以前变少了。然而，当任务时间取决于志愿者自己的时候，那些掌握着趣味性小招数的学生会抄写更多的单词，因为他们会坚持更长的时间。好奇心可以带来好效果，但仅仅是在时间允许的情况下。

好奇心也能带来更广阔的满足感。如果说消遣性好奇是由新鲜事物刺激而掀起的短暂涟漪，那么认识性好奇则是一条你想要一直走下去的小径，尽管有时候会崎岖不平。沿着这条小径漫步，能够让你收获一些额外的、重要的益处。英国哲学家穆勒认为，快乐会在我们追逐其他目标的时候降临，"就像螃蟹一样"会从侧面来到我们身边。他的这一观点影响了后来的心理学家米哈里·契克森米哈的研究。契克森米哈发明了"心流（flow）"一词的一个新用法，用于描述当完全忘我地沉浸于某项活动中时而产生的快乐之情，无论是弹吉他、攀岩，还是学习分子遗传学。那些拥有亨利·詹姆斯一样天赋的人，会善于发现事物的乐趣，哪怕它看起来极为平淡无奇，他们也会因此比其他人更快乐。

这不仅适用于个人，也适用于夫妻关系。亚瑟·阿伦（Arthur Aron）是纽约州立大学石溪分校（Stony Brook University）的一名心理学家，专门研究长期的恋爱关系。当他开始对这个主题感兴趣的时候，他发现这项研究里有一个缺口。大部分研究都关注于冲突——为什么夫妻（或情侣）会争执？由此衍生出很多有关嫉妒、怨恨和焦虑等的研究。一个不显眼但是更为常见的问题却被忽略了——当夫妻（或情侣）相互厌倦时会怎么样？

阿伦和他的同事一直在从事一项有关夫妻关系的长期研究。来自密歇根的100多对夫妻就他们的婚姻情况接受了采访。采访在被采访者家里进行，采用单一对象的方式，并每年进行一次回访。这些夫妻的婚龄在7到16年之间，阿伦会问他们三个具体的问题来收集数据。第一，在过去的一个月中，你感到婚姻生活单调乏味（或者正变得单调乏味）的频率如何？第二，总的来说，你对自己的婚姻有多满意？第三，他带来一张衡量亲密程度的图卡，上面有一系列不同程度叠加的两个圆圈，让参与者选出"最能描绘现在婚姻情况的图"。

阿伦发现，那些结婚 7 年后有一点厌倦感的夫妻在 9 年之后婚姻满意度会低很多，不论他们冲突和争执的程度如何。相互不再有激情的夫妻也更可能选择叠加面积小的一对圆圈来表达婚姻生活中的亲密程度。厌倦不是一种不好不坏的中性状态，不是仅仅缺乏激情而已，它更像一个毒瘤，悄无声息地从中破坏，将夫妻双方的关系越拉越远。从某种程度上说，这比公开表现出来的冲突更加危险，就像阿伦所说："至少互相拌嘴的夫妻还是一起在做同一件事情。"

有研究表明，婚姻满意度在婚后的前几年会趋于大幅度下降。阿伦分析，夫妻日益疏远的部分原因是相互间为了对方而进行自我调整所产生的新鲜度逐渐消失了。在一开始，透过另一个人的眼睛来看这个世界或是感受到自己为了另一个人而改变是一件很让人激动的事情。阿伦建议道，当彼此不再去了解对方热衷的事物、癖好及意料之外的能力时，当彼此磨合到喜欢同样的餐厅和同样的度假地，以及完全认识了对方的朋友之后，那就是时候该积极地重新注入新鲜元素了。这样的夫妻往往更能在婚姻生活中保持快乐。

然而，仅仅去买一套 DVD 是不够的，夫妻俩需要从事一些需要共同学习或一起完成的活动。在另一项研究中，阿伦从他所在的大学校园里征集了 28 对有恋爱关系的志愿者，一些是夫妻，一些是谈恋爱至少 2 个月的情侣。他们被带到一个健身馆里，需要完成两项不同任务的其中之一。一些夫妻（或情侣）被分配到的是"平凡"任务：其中一人将一个球滚动到房间正中，另一个人在观看的同时接住那个球再滚动回来。另一些参与者则被分配到"新奇而令人振奋"的任务，两个人用一条魔术带 ① 把他们捆在一起，然后协作进行障碍赛。（尽管这项活动略微为难参与者，但这里的"振奋"一词只是指生理上和心理上的刺激。）

接下来，这些夫妻（或情侣）被要求填写一个有关他们关系的调查问卷，

---

① 魔术带（Velcro strap）是一种用尼龙搭扣进行固定的带子。——译者注

研究者们录下了其中一部分夫妻的交谈过程。研究者们按照事先拟定的用于衡量婚姻中互动质量的标准来进行观察和编码。实验结束后，参与"新奇而振奋"任务的夫妻（或情侣）明显比另一组对自己的恋爱关系感到满意，也更能感受到对方的爱意。阿伦对我说，情侣之间如果有过类似实验中障碍跑那样的令人尴尬和沮丧的经历，他们更有可能会分手，但是这总好过相互厌倦。

阿伦并不是提议夫妻二人要去盲目地寻找一些全新的经历来尝试，比如"我们去年试过了跳伞，今年夏天一起去学习排笛吧"，而是让他们去体验一些平常但又有一点变化的乐趣，哪怕主题是类似的。他还告诉我，当他和他的妻子（同样也是一名心理学家，也是他的工作伙伴）去斯洛文尼亚的山水中徒步郊游时，他们总是选择不同的路线。另一位研究者、西华盛顿大学的詹姆斯·格拉汉姆（James Graham）发现，幸福的夫妻哪怕在日常的生活琐事中也能找到乐趣，比如做饭、带孩子、DIY。

亨利·詹姆斯用他的好奇心为生命中遇到的普通事物点睛，让它们成为伟大的艺术。当然，他是一个天才。而大部分人至少可以利用好奇心让生活变得更加有趣。这是一个选择：我们可以质问眼前的餐具，或者任由熟悉的东西变得无趣。劳拉·麦金纳尼很精彩地表述了这个原则：

> 当你生活在一个平淡无奇的地方——其实我们都生活在某个平淡无常的地方——那么你可以选择如何看待你身边的世界。我们可以像其他人一样度过每一天，一遍又一遍地看着同样的东西，从不多想它们是如何成为现在这个样子的或者为什么能保持现在的样子，也不思考怎样才能使它们变得更好。或者，我们还可以选择去了解它们。一旦我们选择去了解周围的事物，并且对它们产生了好奇，我们其实就选择了让自己永远不会感到厌倦。

|将谜题变为奥秘|

1995 年，一位戴着领结、留着精心修剪过的八字胡的银发老人将他的随身物品从华盛顿政府办公室里带走了。这位老人正是威廉姆·弗里德曼（William Friedman），他从美国国家安全局退休了，为他鲜为人知却有着改变世界的意义的一项事业划上了句号。

他将压在他书桌玻璃案板下的一张照片取出来带在身上（如图 8—1 所示）。照片里，71 位身着制服的军官分成两排站在身着便服坐着的五男一女后面。第一眼看上去，这个画面并不惊人，但若仔细观察就会发现有一些奇怪。一些人身体面向前方但是将头转向了右面，一些人正对着照相机，还有一些人将整个身子都侧向了一边。

图 8—1　一张特别的照片

弗里德曼在美国政府担任首席密码破译官长达 30 多年的时间。他曾是当时破译了日本紫色密码机［Purple cipher，相当于德国使用的恩尼格玛密码机（Enigma machine）］团队的领导人物，为美国政府在第二次世界大战期间提供了有关日本行动至关重要的情报，其中包括一些若加以重视本可以避免珍珠港袭击的信息。他还是美国军方所拥有的最好的密码破译机的发明者，并被视为现代密码学研究的鼻祖之一。在本书之前的内容中我谈过有关对谜题和奥秘好奇的不同之处。弗里德曼的专长从表面上看是破解谜题，但他却展现出了用好奇心驱动去完成那些看似不可能完成的任务，并从中获得满足感的能力。

弗里德曼心中的英雄是弗朗西斯·培根爵士，正是受他的影响，弗里德曼才开始对密码着迷。培根发明了一种名叫"双边加密"（the bilateral cipher）的密码，这种密码仅仅用两种符号排列成五个组合就能表达出每个英文字母。比如，若两个符号是 a 和 b，那么 A=aaaaa，B=aaaab，C=aaaba 等。培根这一密码系统的关键点是，并不能简单地用字母 a 和 b 来做基本符号（因为这样会使密码比较容易破译），他建议使用任何可以被分为两个范畴或是两种类型的对象，比如两种字体、钟和喇叭、苹果和橘子。培根说，这样的系统能让人们觉得"任何事物均可以表示任何意思"。

培根的密码系统从未被用来传输军事机密，尽管他自己以为会被用到，但是它却被"文学侦探（literary sleuths）"们当作了一个工具。从 19 世纪下半叶开始，许多有学识的人开始相信莎士比亚并不是他那些戏剧作品的作者，而真正的作者是谁，则是一个藏在文字里的谜题。[①]弗朗西斯·培根爵士正是这个阴谋论的主要宣传者，而支持培根的人相信使用其双边加密法就能找到答案。当时美国最大的棉纺品公司的继承人、一位性情古怪的百万富翁乔治·费比恩（George Fabyan），就是对这个谜题最感兴趣的人之一。他将著有一本很受欢迎的对培根主义者所作的调查的书的作者伊丽莎白·盖洛普（Elizabeth Gallup）带到他的一处庄园里，去攻破"文学史上最伟大的问题"。这个庄园位于芝加哥往西的里弗班克，在福克斯河的边上。盖洛普成为了这里众多先锋派科学家的一员，如费比恩所说，她在这里绞尽脑汁地破解大自然的秘密。

费比恩邀请弗兰克·劳埃德·赖特（Frank Lloyd Wright）为他重新设计了主楼，并加建了一个日式庭院、一个灯塔、一个动物园（里面有一只叫哈姆雷特的大猩猩）和一个荷兰风车，其中建造风车所用的砖全都是从荷兰运过来的。

---

① 亨利·詹姆斯、马克·吐温以及西格蒙德·弗洛伊德都相信这一莎士比亚阴谋论，说明非常聪明的人也可能会相信非常荒唐的事情。

在这种奇异的环境下，一群科学家被雇来从事自己本来就痴迷的研究。1915 年，费比恩成功说服威廉姆·弗里德曼放弃了正在攻读的康奈尔大学植物生物学博士学位，加入里弗班克的科学家阵列，研究小麦的培养种植。而弗里德曼对于密码和文献的热爱使他很快加入了伊丽莎白·盖洛普的密码研究部门。

不久之后，弗里德曼就对盖洛普项目的方法和目的失去了信心（在此之后，他还参与编写了一本著作，来批判盖洛普和其他培根主义者的论点）。但是正是在里弗班克，他将对密码学的好奇发展到了痴迷的地步，并甘愿将自己一生的精力都投入其中。他创造了一些更为复杂的密码学设计，包括一张用植物特性来编码用以通信的卡片。根、叶、叶脉等所有植物相关的概念都是一个密码（根解密后代表"培根"，花代表"莎士比亚"，而叶子包含了其他伊丽莎白时代作者的名字）。

弗里德曼的另一个设计是史蒂芬·福斯特（Stephen Foster）创作的一首19 世纪很流行的歌曲《晚安，我的肯塔基故乡》（*My old Kentucky home*，*Good Night*）的一页曲谱。如果非常仔细地检查（一些音符内存有微小的缺口，而另一些是完整的，这样就有了 a 类符号和 b 类符号）会发现一个秘密信息："敌人正向右前进 / 我们黎明出发。"在下面，弗里德曼写着（用文字）："一个用以证明任何事物都可以表示任何意思的例子。"

谜题被成功解决之后，我们就不再需要好奇心的驱动。而相反，奥秘则需要我们永不停歇的探寻精神。当我们最初面对一个新问题时，就会不自觉地把它当作一个谜题：答案是什么？为了解决这个问题，我们开始收集知识。在这一过程中，有时候我们就开始转而认为它似乎是一个能让我们永远保持好奇的奥秘。因此，一时的兴趣能够被转化为一生的追求。

当我们遇到任何形式的谜题时，应该不断提醒自己其背后的奥秘所在，因为在谜题被解决之后，这个发现也许能陪伴我们很长的时间，并给我们带来快乐。威廉姆·弗里德曼热衷于解决谜题这一事情本身，但他对于谜题的好奇心远超越任何一个他所面临的具体问题。在里弗班克，他开始将密码学最基本的原则——"任何事物都可以表示任何意思"理解为一个永无止尽的奥秘，他在其中获得了极大的愉悦并获益良久。解决谜题是通往奥秘之国的垫脚石。我们所探寻的奥秘越多，收集的信息就越多，知识与文化的涉猎范畴也就越广阔。

第一次世界大战期间，美国政府在听说了弗里德曼在里弗班克的工作之后，召集他为一些军事部门讲授密码学。在那之后，他参了军。从法国回来之后，他又回到里弗班克工作了几年，之后同妻子（伊丽莎白·盖洛普的助手之一）搬去华盛顿。夫妻二人都凭借自己密码学方面的技术为美国政府效力。在他成功地破解了日本的密码之后，弗里德曼被晋升为国家安全局的首席密码学家。他为世人留下了大量成果，改变了之后几十年里密码学领域的面貌。

弗里德曼会经常提醒人们有些价值可能会隐藏在看似最不可能的地方。他书桌上那张照片拍摄于 1918 年冬的伊利诺伊州的奥罗拉市，那时他与他的妻子在那里的培训学校向即将被派往法国的军官们讲授密码学知识。弗里德曼从这张照片中能看到什么？他能看到年轻时候的自己向内坐在第一排的一端，妻子坐在正中，魁梧的乔治·费比恩坐在另一端。然而，他还能看到隐藏在这张照片之下的另一个信息。这是一封用人物来代表字母的密码电报。多亏了弗里德曼的仔细编排，战士们拼写出了弗朗西斯·培根爵士最有名的那句格言：

知识就是力量。

CURIOUS
The Desire to Know
and Why Your Future
Depends on It

后记
比雅尼的故事

第一个踏上北美大陆的欧洲人不是克里斯托弗·哥伦布，而是一位名叫莱夫·埃里克森（Leif Eriksson）的挪威探险者。根据已在近期被考古学证实的北欧传说，埃里克森在被他称为"文兰"（Vinland）的地方住下来，也就是今天加拿大纽芬兰的北部一隅。

在传说里，关于他是如何到达那里有两种不同的说法：一是，在第二个千禧年的早期，埃里克森本打算从挪威航行到格陵兰去传教，可途中被风吹偏离了航线；第二个说法将他描述得更为传奇，是他从另一个水手那里听说了有关新大陆的信息，于是自己便从挪威出发开始了探险之旅。如果第二种说法是真的，埃里克森就应该是第一个踏上新大陆的人，但不是第一个看见它的人。这个荣誉应属于将这个消息透漏给他的人——比雅尼·何尔约夫森（Bjarni Herjlfsson）。

比雅尼在冰岛出生和长大，是一条以挪威为据点的商船的船长。公元986年左右的夏天，他照例航行回乡去看望父母。当他到家的时候却发现父亲并不在家，父亲已与红胡子埃里克（Eric the Red）踏上了去格陵兰的旅程（传说里并没有记录比雅尼对此事是什么态度）。①

比雅尼是一个孝顺的儿子，于是他便与他的船员一同前往格陵兰找寻父亲。结果在途中他们遭遇了一场持续了好几天的强风暴，于是小船偏离了航线。当风暴过去，比雅尼和船员们便看到了一片大陆，然而它看起来一点都不像满是冰川的、荒凉的格陵兰，那里被茂密的森林和连绵起伏的绿山所覆盖。比雅尼的船员被眼前这一世外桃源的景色所吸引，恳求他能允许他们靠岸去观察一番。但是比雅尼却拒绝了，因为他有任务在身，他要找到他的父亲，不希望被其他事情干扰。于是他命令船员们向北行驶，从而错过了发现美洲的机遇。

即使在他那个年代，比雅尼也被世人批评为不懂抓住上天赐予的良机之人。但让我们试着站在他的角度来看看这个问题。比雅尼是一个商人、一个儿子，他希望在冬天来临之前到达格陵兰，这样他能够在那里与家人一起住下来，还能够交易他的货物。对他来说，一次去探索未知大陆的旅程似乎是一种没有必要且危险的纷扰。

事后看来，好奇心可能会是好事，但是在探索的过程当中，它会让我们偏离当前的任务和目标，让生活不能按原有计划进行。正如罗伯特·弗罗斯特（Robert Frost）在《雪夜林边小驻》（*Stopping by Woods on a Snowy Evening*）一诗里所叙述的那样，当我们被好奇心控制时，会很容易忘记本来应该要做的事情，而沉浸在雪花飘落的奥秘之中。如今，我们能客观地将近代对好奇心的禁止视为一种压抑和过时的行为，但是从某种意义上来说，奥古斯丁和其他人也有正确之处——好奇心是一种歪曲，让人从当前任务上转移或偏离。费比恩在里弗班克的项目既令人钦佩，又让人觉得有一点疯狂，像是一个有钱人的游戏。比雅尼的船员想要去探索他们看见的绿地，他们梦想着那里会有数不尽的财富和新奇的刺激，但是比雅尼要遵循他的承诺。

---

① 红胡子埃里克是莱夫·埃里克森的父亲，也是格陵兰的发现者。

然而，好奇心带来的困难是值得的。小说家大卫·福斯特·华莱士（David Foster Wallace）在凯尼恩学院（Kenyon College）2005 年毕业典礼上演讲时说道，好奇心的练习对于想要实现快乐而美好的人生来说是至关重要的。他假定我们都无可避免地会难以控制以自我为中心：

> 这样想一下，你个人的任何经验无一不是以自己为中心的。你所经历的世界就在你周围，在你的电视机上或监控屏幕上。其他人的想法和感受需要以某种方式来与你交流，但是你自己的感受却会是即刻的、紧急的且真切的。

华莱士建议，只有通过练习对别人产生好奇，我们才能挣脱这种被牢牢束缚的自我沉迷。这样做的目的不是为了要显示自己的品德有多高尚，而是因为这是改变生活中的无聊、重复和狭隘的挫败感的最好方法。他以在超市排长队结账或是下班后被堵在路上的经历为例。在身心疲惫且饥肠辘辘的状态下，你可能会对周边任何一个人怒不可遏，并哀叹自己正在承受着巨大的折磨，但是"如果你足够自省且能够换一种方式来思考"，那么你所处的场景可能就会完全不一样。想象一下，那位正在排长队结账并冲着自己孩子大声吼叫的女人，为了照顾她的丈夫已经连续三天没有睡觉；或者刚刚加塞在你前面的司机是要赶着送他的孩子去医院。

华莱士认为，这才是教育的目的，是"一生的工作"。受教育包括要理解怎么去思考，从而避免思维定势。我认为这非常明智也很正确。然而，我不认同华莱士所说的这种能力"与知识毫无关系"，事实上，我认为这与知识大有关系：首先，就算是同理性好奇也是依赖于认识性好奇，要让自己站在那个超市排长队的女人的位置上需要一点知识来想象，如果过上与自己现在截然不同的生活会是什么样子；其次，我们知道，思考能力是从知识中练就出来的，它们并不是互不关联的存在；最后，广阔的知识面能让你有另一种方法来避免自我沉迷，比如在堵车时，你可以想想最近正在阅读的有关罗马不列颠历史的书，就像劳拉·麦金纳尼当时思考鸡蛋的化学性质一样。

作家杰夫·戴尔（Geoff Dyer）把其所经历的抑郁描述为"对任何事物都完全丧失了兴趣"。在他的著作《一怒之下》（Out Of Sheer Rage）里，戴尔描写了当他抑郁时，他是如何从对世界充满了兴趣（不停地、广泛地阅读和旅行）变为没有任何事物是可以让他想去做、去看、去读的。他说："我对任何事物都不感兴趣，都不好奇。"他整天待在自己的公寓里，对着一个没有打开的电视机。

最终，他心里的一个开关打开了，他开始对自己的精神状况感兴趣。他阅读了威廉·斯泰伦（William Styron）关于其抑郁经历的回忆录《看得见的黑暗》（Darkness Visible）及茱莉亚·克里斯蒂娃（Julia Kristeva）关于抑郁症的探究《黑太阳》（Black Sun）。在后一本书里，他看到了一段陀思妥耶夫斯基描述荷尔拜因（Holbein）的作品《基督遗体》（Dead Christ）的文字，于是他曾经有的用文字来表达画作的兴趣在休眠多时之后终于被唤醒了。他开始罗列想要去观看的博物馆和展览会。他写道，在不知不觉中，"我又重新开始对这个世界感兴趣了。"心理学家及作家亚当·菲利普斯（Adam Phillips）曾说，作为一名理疗师，他觉得自己想要达到的目的是颇为反常的："让人们不再纠结于一定要对自己感兴趣。"他认为，想要快乐就必须明白"所有有趣的事情都在自身之外"。

美国著名的漫画家马特·弗莱克逊（Matt Fraction）在自己的网站上收到了一条令人痛心的留言。一个书迷向他坦白自己打算自杀，他写道："我知道这个世界上有很多美好的、值得高兴的事物……但是如果我都不感兴趣，该怎么办呢？"在弗莱克逊的回复中（我在结语里附了他回复内容的链接，值得你完整地去阅读），他回忆了自己曾经有一段时间也有自杀倾向，而最终让他走出阴影的是："我开始疑惑——呃，是否有什么东西能让你感到好奇？是否有什么是你想看到播出的？然后，我想起了一部正在看的动画，我还没有猜到故事的结局。于是我意识到自己还有好奇心，这正是我能继续生活下去的原因。若还想要看未播完的动画，说明我还没有准备好离开这个世界。就是那一个小小的嫩芽从厚厚的黑泥土里顽强地探出头来，使我的生命得以延续。"

好奇心是人生的强大动力。如果抑郁使人心扉关闭，感觉世上没有任何事物是值得自己关注（或者自己关注的事物都没有任何意义）的，那么好奇心就能将我们带到另一条人生道路上，提醒我们这个世界上有一个有着无限乐趣且振奋人心、梦幻美妙的地方。特伦斯·怀特（T. H. White）在《永恒之王》（*The Once and Future King*）一书中有这么一段话，精彩地表达了一种态度：

> 梅林开始叹气并回答道："感到悲伤最大的好处就是可以学到东西，这是唯一不会失败的事情。你可能会变老并因控制不好身体而颤抖；你可能会在半夜醒来躺着聆听血液的无规律运动；你可能会想念你一生的挚爱；你可能会认为自己的世界被一群邪恶的疯子给毁掉了，或者觉得自己的尊严被一些卑劣的人所践踏、所不齿，那么就只剩下一件事情可以做——学习。学习为什么这个世界会摇摆不定，是什么在推动这个摇摆。只有这一件事，可以使自己的精神永不耗竭，永不被疏远，永不被折磨，永不会感到害怕或缺失信任，也永不会懊悔。学习是你唯一需要做的事情，你会发现有太多的知识正等着你去尝试。"

如今，值得我们学习的信息的数量已远超过我们获取信息的能力。我能理解大卫·福斯特·华莱士所表达的对淹没在总噪声以及海啸般猛烈的客观事实、场景和观点之中的恐惧感。但任何我对当下认知环境的保留意见，与我难以抗拒的庆幸之情比起来都是苍白的。我对自己能生活在一个能将记忆保存得如此完善的年代感到很幸运。我们从未比现在更了解为什么这个世界摇摆不定，是什么在推动这个摇摆。

艾萨克·牛顿在1676年写道，他觉得自己站在巨人的肩膀上。如今我们已刚刚迈入第二个千禧年，站在前所未有的优势至高点上，我们能饱览令人振奋的宏伟景观。这个时代远比牛顿、托马斯·杰斐逊或阿尔伯特·爱因斯坦以及之前无数的普通人生活的时期优越，他们中的大多数人，无论天生有多么好奇，都在知识宇宙面前比我们显得更为渺小。不仅是因为我们拥有了更多的知识，更是因为我们拥有了更多的渠道去获得知识，而这是前人不曾享有的。如果你想了解蒙田或者遗传学、黑洞、现代建筑学、弗里德里希·哈耶克的理论，随时都可以开始。文化知识也同样如此。有一个显而易见但却很容易被忽略的真相是，在贝多芬和披头士之后的时代，生活总会好于之前。

认识性好奇很难用一两句话去评价。保持这种好奇并非易事，它会将我们从当前的任务和目标中带离，弄不清楚目的地在哪里。但是，这正好为我们提供了选择。我们可以选择去探索呈现在眼前的各式各样的知识世界，也可以选择像比雅尼一样，与美好而奥妙的世界擦肩而过，只能等待下一次的机会降临。

若换做是你，你会把握住这一千载难逢的幸运时机吗？

CURIOUS

The Desire to Know
and Why Your Future
Depends on It

注解

在前面的章节里，我引用了大部分我收集的资料，这里，我试着再多呈现一些必要的内容，以便读者阅读和思考。

|引言　好奇心：人类的第四驱动力|

我第一次阅读有关坎吉的故事是在保罗·哈里斯教授的一本引人入胜的著作《信你所说：儿童如何学习他人》（*Trusting What You're Told：How Children Learn from Others*）中。正是哈里斯指出，尽管坎吉格外聪明，但它没有表现出任何的知识性好奇。约翰·劳埃德在他位于伦敦中心的 QI 节目办公室里接受了我的采访。在那段难忘的采访中，他非常友善地与我分享了他关于好奇心本质的见解。在好奇心研究方面最杰出的学者之一索菲·冯·斯蒂姆（Sophie Von Stumm）为我介绍了"认知需求"这一概念。达·芬奇的那张手稿页，我是从罗伯特·克鲁维奇（Robert Krulwich）的博客上发现的。我与罗伯特通过 Radiolab^① 相识并熟悉，在那里我能定期获得许多有趣的、刺激认知的资源。心理学家保罗·西尔维亚关于"兴趣"的本质的研究对我早期的思考影响很大。乔治·罗文斯坦对于好奇心历史全面而清晰的研究是非常宝贵的，他开创了一项新的理论，我也是第一次从中读到了有关消遣性好奇和认识性好奇的区别。关于美国电影里面出现的平均枪击次数的统计，我是从《华尔街日报》上瑞秋·多德斯（Rachel Dodes）写的一篇文章里看到的，她是引用了罗格斯大学（Rutgers University）的约翰·贝尔顿的数据。是安妮·墨菲·保罗让我发现了罗伯特·威尔逊关于大脑老化的出色研究。对查理斯·埃姆斯的引用，我最早是在我一直关注的玛利亚·波波瓦（Maria Popova）的名为"窃取脑力者（Brain Picker）"的博客上发现的。

| 第 1 章 好奇之旅 |

当我听说了有关布莱恩·史密斯在童年时与那把手枪之间的故事后，我就萌生了想要将它放进本书的想法。很感谢他答应了我的要求。亚历山大·阿奎列斯将他的故事及其他你会感兴趣的内容记录在了他的网站上。同时，迈克尔·埃拉尔（Michael Erard）在写有关杰出的语言学习者的著作《梅佐凡蒂的天赋》（*Mezzofanti's Gift*）时也采访了阿奎列斯。《剑桥文学指南——埃德蒙·伯克》（*The Cambridge Companion to Edmund Burke*）一书的作者大卫·德万（David Dwan）很友好地与我讨论了伯克的问题。在斯蒂芬·卡普兰关于好奇心进化起源的文章中，我读到了关于艺术和奥秘的研究。我所描述的神经科学研究是由加州理工学院的科林·卡默勒（Colin Camerer）领导的。马克·帕格尔（Mark Pagel）所著的关于人类合作技能的作品《为文化而生》（*Wired for Culture*）对我思考好奇心的作用影响很大。

---

① Radiolab 是美国纽约市公共电台（WNYC）的一档播客兼广播节目，专门调查世界上的奇趣事件。——译者注

| 第 2 章 好奇心是如何产生的 |

我在 Babylab 度过了美妙的一天，也非常感谢泰奥多拉和卡塔琳娜肯花时间与我分享她们的专业知识。当时我的女儿 Io 还未出生，但自从她后来去了 Babylab 之后，就一直是那里的一名研究对象，她很乐意戴上脑电图仪电极帽。艾莉森·高普尼克是一名了不起的作家，同时也是一位杰出的心理学家。我从她的文章里获得了大量我现在所知道的关于早期儿童发展的知识，其中包括最早读到的她与安德鲁·梅哲夫（Andrew Meltzoff）和帕特丽夏·卡尔（Patricia Kuhl）合作的《摇篮里的科学家》（*The Scientist in the Crib*）一书。对于早期探索行为和青少年成就之行为的纵向研究是由马库斯·伯恩斯坦及其同事们开创的。我在保罗·哈里斯的著作里偶然看到了米歇尔·乔伊纳德的研究，主要是关于研究提问的历史。感谢我的朋友为我提供他们年幼的小孩所提出的问题作为我的案例。

| 第 3 章 谜题和奥秘 |

苏珊·恩格尔分享了大量有关儿童时期好奇心的专业研究知识。我第一次了解到对未知的探索和对已知的利用的区别是在艾莉森·高普尼克的研究成果里。之前提到的乔治·罗文斯坦对于好奇心研究的评述形成了本书所提到的好奇心理论。我很感谢珍妮特·梅特卡夫（Janet Metcalfe）帮助我理解丹尼尔·伯莱因（Daniel Berlyne）之研究的重大意义。关于达·芬奇在山洞入口处的描述，我是在最具好奇心的伟大历史学家之一汉斯·布鲁门伯格的一篇文章中看到的。本·格林曼（Ben Greenman）描写他儿子的那篇文章激发了我思考好奇心与网络之间的关系。

| 第 4 章 好奇历经的三个时代 |

关于我所讨论的西方社会好奇心的历史的关键资料来源于埃文斯和马尔所编著的论文集《从文艺复兴到启蒙运动的好奇心和奇迹》（*Curiosity and Wonder from the Renaissance to the Enlightenment*）。本书中关于好奇心陈列柜的讨论在一定程度上是受到了历史学家本杰明·布林（Benjamin Breen）博客上关于这个话题的一篇图文并茂的文章的影响。我关于英国"工业启蒙运动"主要数据的描述得益于珍妮·阿格鲁（Jenny Uglow）一部杰出的著作《月光社成员》（*The Lunar Men*），我将其视为好奇心基层革命的观点是受罗伊·波特（Roy Porter）的研究所影响。是艾森·扎克曼（Ethan Zuckerman）指引我寻觅到"偶然之得"这一术语的起源。另外，我是在一个名为"大脑采集"（Brain Pickings）的博客上第一次看到了范内瓦·布什的文章。

| 第 5 章 好奇的红利 |

我第一次读到"'新'数字鸿沟"这一概念是在《纽约时报》上刊登的一篇署名为迈特·里克特（Matt Richtel）的文章中。皮尤研究中心及凯泽家族基金会对"数字鸿沟"的各个方面都在进行研究。里克特在其发表在《纽约时报》上的另一篇有关科技和教育的文章中提到了"维基百科问题"。

| 第 6 章 提问的力量 |

我与丹·罗斯坦之间一个小时的通话是一次非常难忘的经历。你可以在其著作《老师怎么教，学生才会提问》（*Make Just One Change*）中读到更多他所做的基础研究和技巧总结。我所引证的关于提问的研究是源于保罗·哈里斯在其著作《信你所说：儿童如何学习他人》里对此问题的看法。安妮特·拉鲁的著作《不平等的童年》是一部杰出的关于观察性社会学的研究成果，读起来也非常有趣。我是从林赛·麦乔伊的研究中看到了热罗姆·凯维埃尔的案例。

| 第 7 章 博学的重要性 |

关于教育的思考，我深受丹尼尔·威林厄姆的影响。在这众说纷纭还总是充斥着批判的领域里，他的论述却是非常清晰且有理有据。我非常推荐他的著作《为什么学生不喜欢上学》（*Why Don't Students Like School*）。我同样也深受黛西·克里斯托多罗的研究及其著作《教育的七个神话》（*Seven Myths About Education*）的影响。这本著作论述有力，值得每一个对教育话题感兴趣的人阅读。理查德·克拉克及其同事所发表的一篇出色的论文引用了理查德·迈耶的研究工作作为"完全的引导性指导"（fully guided instruction）的论据。

教师工会在教师及讲师协会（Association of Teacher and Lecturers）网站上发表的一篇未署名的文章中这样写道："在 21 世纪，教学课程的核心内容不是知识的传递。理由很简单，因为在这个信息时代，很难甄别出什么是必要的知识。"这种言论从很多角度看都显得很消极，其中存在这样一个暗示：如果某件事很困难，那么你就应该放弃。

| 第 8 章 保持好奇心的七种方法 |

虚心若愚

迄今为止，关于沃尔特·迪士尼和史蒂文·乔布斯最权威的传记分别是由尼尔·加布勒（Neal Gabler）和沃尔特·艾萨克森（Walter Isaacson）所著。关于杰弗里·贝索斯的细节描述来源于《华盛顿邮报》上刊登的一篇由彼得·沃利斯基（Peter Whoriskey）所撰写的人物简介。不久之后，贝索斯就收购了《华盛顿邮报》。

建造数据库

扬所著的关于创意生成的书还在销售中，我强烈建议你们去买一本来阅读，并开始尝试制造创意。

像"狐猠"一样觅食

我非常感谢才华横溢的保拉·安特那利愿意花时间与我交流，帮助我思考好奇心和创造力之间的联系。查理·芒格的演讲《一则关乎投资管理和商业运行的简单而世俗之智慧的启示》（*A Lesson on Elementary, Worldly Wisdom as It Relates to Investment Management and Business*），能在网上找到其完整版本。想要了解成为一个通才的价值所在，最佳的阅读材料是罗伯特·图格尔（Robert Twigger）在《万古》杂志（*Aeon*）上发表的一篇文章《精通多行业的大师》（*Master of Many Trades*），同样也能在网上找到其完整版本。

询问关键的"为什么"

我很感激乔纳森·鲍威尔尽可能详尽地告诉我了一些有关他卓越工作的内容。在他所写的有关北爱尔兰和平演变进程的著作《大仇，小室：北爱尔兰和平》中，他深刻揭露和剖析了一些紧张的、残酷的、看似毫无成果的谈判过程，然而正是这些谈判最终促成了一个持久的稳定协议。

做一个"思想工匠"

本杰明·富兰克林固执的认识性好奇既令人佩服又让人感到一丝寒意。他在自传里叙述了多年以后当他在返回波士顿的途中，去母亲所经营的公寓里拜访的经历。他自孩提时起就未曾与母亲再见过面，见到母亲后，他并没有立即上前与之相认，而是扮作一个普通客人观察了母亲一晚上，仅仅是出于好奇是否存在一种母性直觉，能让她认出自己的儿子。我是从艾德蒙·摩根（Edmund Morgan）所写的一本优秀的富兰克林传记中得知富兰克林对油倒到水面上之后的反应感兴趣，之后在查尔斯·坦福德（Charles Tanford）的书中找到了更多的细节，包括富兰克林去朴茨茅斯港的旅程。我很感谢丹麦 ReD 咨询公司的创新专家麦克尔·拉斯穆森（Mikkel Ramussen），与其在伦敦的愉快交流使我获益匪浅，并从中萌生了"细节对于伟大想法的重要性"这一论点。

质疑你的茶匙

詹姆斯·沃德（James Ward）名为博客"我喜欢无聊的事物"对同样对此感兴趣的人来说是一个很好的资源，上面还会有即将召开的无聊大会的细节信息。乔治·佩雷克是 20 世纪文学史上较为小众的一位天才作家。他所写的小说和文章极具个性，富于智慧，非常值得你探究一番。著有一本简短而精彩的亨利·詹姆斯传记的作家黑兹尔·哈钦森非常友好地帮助我理解詹姆斯这位大师所拥有的好奇心的特质和作用。劳拉·麦金纳尼在持续更新一个非常好的有关教育的博客。我很感谢卡萝尔·桑松与我交谈，也为她找到了一项既有趣又很重要的工作而感到高兴。同样感谢亚瑟·阿伦与我分享他的观点和认识。

将谜题变为奥秘

有关威廉姆·弗里德曼事业发展的内容，我是借鉴了威廉·谢尔曼（William H. Sherman）发表在 *Cabinet* 杂志上的一篇文章。读者可以在网上找到这篇文章的完整内容，包括隐藏在那张照片里的更多细节信息。事实上，弗里德曼并没有完整地拼写出"知识就是力量"这句话，因为他还需要更多的 4 个人来完成最后一个字母"R"。弗里德曼长眠于阿灵顿国家公墓，其墓志铭正是这句话。

后记：比雅尼

马特·弗莱克逊写给与自己有着同样抑郁经历的那位读者的动人回复，可以通过以下链接找到：http：//mattfraction.com/post/63999786236/sorry-to-put-this-on-you-but-i-have-an-honest-question。

CURIOUS
The Desire to Know
and Why Your Future
Depends on It

译者后记

　　好奇往往被当作一种常见的形容词来形容人的情绪,如同高兴、生气、伤心等。然而,它不仅仅是情绪上的一时兴起那么简单。保持好奇心会对我们的总体生活质量起到至关重要的作用,乃至影响整个人类社会的发展。好奇心可以把我们从对平凡生活的麻木中解放出来。当我们能够在生命的旅途中对各种不同的事物产生好奇时,我们就可以在有限的一生中达到无限的广度。

　　本书的一大特点正是这种惊人的广度。作者伊恩·莱斯利在书中旁征博引了大量的资料和史实,涵盖人文、地理、历史、哲学、文学、生物学、互联网等各个领域。从古希腊先哲关于好奇心的纯粹主义观念,到中世纪权威对于好奇心的压制;从弗兰西斯·培根对知识的赞美,到让-雅克·卢梭对本能的崇拜;从情报学的鼻祖范内瓦·布什对超链接的预言,到心理学家对记忆的破解;从TED演讲到可汗学院,再到社交网络、搜索引擎以及维基百科……涵盖方方面面,入情入理地为我们展现出一个从好奇心出发的意想不到的广袤世界。

　　好奇心开始于"为什么"的问题,这是人与其他物种根本性的区别之一。由好奇心驱动的质疑精神和探索精神使人类一步步从丛林里走出来,发展到了今天。无论是成年人还是儿童,都会天然地对新奇的事物感兴趣,这便是本书想要说明的初级好奇——"消遣性好奇"。这是进入某个未知领域的入口，但若只是在此处徘徊，对任何事物都只会是浅尝辄止。一旦找到自己的兴趣所在，我们就需要进入下一层级——"认识性好奇"，这也是作者重点讲述的内容。这一层级需要更多认知上的努力，需要去有意识地培养，而且它并非是与生俱来或一成不变的。这并非易事，但其收获却是质的飞跃，说不定将成为自己一生的追求。

对下一代的教育或者在未来获得成功，无疑是亘古不变的话题。关于什么因素对孩子在学校的表现以及将来的成就影响最大，作者援引了大量研究数据，辩证地剖析了现在一些主流观点的误区以及不同教育流派之间的冲突。近年来的实验表明，好奇心是对学习成绩影响非常大的非智力因素，因为它集三大影响因素为一体：智力、持久力和对新事物的渴望。同时，作者强调，注重孩子或者学生的好奇心不等于放任他们的自由、任其发展，而是应该有所指导、积极参与，毫不吝啬地将知识以直接的方式传授给他们，并培养他们提问的能力。在这一点上，家长与老师所起的作用不容忽视。

如今，我们生活在一个信息时代。互联网的普及使任何问题的答案都能在瞬间被找到。如此地快速易得，作者担忧我们将满足于此而失去了在自我寻觅答案过程中发现"偶然之得"的机会。当然，作者并非反对网络或者觉得网络使人变得愚钝，相反地，他非常庆幸我们能够生活在如今这个年代，我们能站在巨人的肩上纵观人类积淀下来的知识财富。关键在于你究竟是选择使用互联网来拓宽你的事业，还是选择使用它来寻找简单和廉价的答案。面对这前所未有的机遇，若将好奇心加以正确的利用，你将得到意料之外的回报。最后，根据这些观察，作者总结了七种保持好奇心的方法，深入浅出地为我们指出了一个努力方向，具有现实的指导意义。

在我阅读本书的过程中，惊叹于好奇心竟有这么多看来稀松平常但我自己却从未意识到的问题。我将此书推荐给每一位家长、老师或是任何对自己的人生还抱有憧憬的人。相信读完这本书后，你一定会对生活有全新的认识，在追逐好奇心的过程中收获知识，收获快乐。

马婕

图书在版编目（CIP）数据

好奇心：保持对未知世界永不停息的热情 /（英）伊恩·莱斯利（Ian Leslie）著；
马婕译 . —北京：中国人民大学出版社，2017.1
书名原文：Curious: The Desire to Know and Why Your Future Depends on It
ISBN 978-7-300-23298-0

Ⅰ . ①好… Ⅱ . ①伊… ②马… Ⅲ . ①好奇心—通俗读物 Ⅳ . ① B848.3-49

中国版本图书馆 CIP 数据核字（2016）第 195307 号

好奇心：保持对未知世界永不停息的热情

【英】伊恩·莱斯利　著
马婕　译
Haoqixin: Baochi dui Weizhi Shijie Yongbutingxi de Reqing

出版发行	中国人民大学出版社			
社　　址	北京中关村大街 31 号		**邮政编码**	100080
电　　话	010-62511242（总编室）		010-62511770（质管部）	
	010-82501766（邮购部）		010-62514148（门市部）	
	010-62515195（发行公司）		010-62515275（盗版举报）	
网　　址	http://www.crup.com.cn			
	http://www.ttrnet.com（人大教研网）			
经　　销	新华书店			
印　　刷	北京联兴盛业印刷股份有限公司			
规　　格	720 mm×1000 mm　1/16		**版　　次**	2017 年 1 月第 1 版
印　　张	13.25　插页 2		**印　　次**	2023 年 10 月第 5 次印刷
字　　数	190 000		**定　　价**	69.00 元